设计公开课

室内软装

设计速查图解

姚丹丽　等编著

机械工业出版社
CHINA MACHINE PRESS

本书从室内软装设计的概念入手，详细讲解了室内软装设计的内涵、室内软装设计的发展史、多样的软装设计风格、颜色与家具的搭配等，让读者对室内软装设计有全新的认识。软装设计与室内设计、建筑设计等学科有密切的关系。遵循预先学习室内软装设计基本知识、软装设计元素以及其后掌握软装设计风格的原则，以循序渐进的方式向读者展开本书内容。本书不仅讲解理论知识，而且对室内软装设计的实际案例从多个角度进行了分析，既有理论指导性，又有设计的针对性，重在求新、求精、求全，具有很强的实用性。本书适合室内设计师、建筑设计师及普通高等院校艺术设计类专业教学使用。

图书在版编目（CIP）数据

室内软装设计速查图解 /姚丹丽等编著. —北京：机械工业出版社，2019.6
（设计公开课）
ISBN 978-7-111-62967-2

Ⅰ.①室… Ⅱ.①姚… Ⅲ.①室内装饰设计—图解 Ⅳ.①TU238.2-64

中国版本图书馆CIP数据核字（2019）第118715号

机械工业出版社（北京市百万庄大街22号 邮政编码100037）
策划编辑：宋晓磊 责任编辑：宋晓磊 李宣敏
责任校对：张 力 梁 静 封面设计：鞠 杨
责任印制：张 博
北京东方宝隆印刷有限公司印刷
2019年7月第1版第1次印刷
184mm×260mm·13.5印张·331千字
标准书号：ISBN 978-7-111-62967-2
定价：69.00元

电话服务 网络服务
客服电话：010-88361066 机 工 官 网：www.cmpbook.com
010-88379833 机 工 官 博：weibo.com/cmp1952
010-68326294 金 书 网：www.golden-book.com
封底无防伪标均为盗版 机工教育服务网：www.cmpedu.com

前　言

随着人们生活水平的提高，现代人更加注重精神层面的需求，软装设计就是人们对美的追求的反映。软装是一种情怀，是一种美。软装是一种专注，来源于热爱，来源于事业。软装设计将会是每个人生活的一部分。现代软装设计的市场非常广阔，已逐渐发展成为建筑及环境设计中不可或缺的一部分。在不久的将来，甚至有可能超越硬装，成为环境设计中最重要的环节。

软装是室内设计的再创造。想成为一名合格的软装设计师，不仅要了解多种多样的软装风格，还要培养一定的色彩美学修养，对品类繁多的软装饰品元素更是要了解其搭配法则。但如果仅有空泛枯燥的理论，而没有过专业的软装学习，软装设计也只能停留在表面。

软装指的是室内空间中可以移动、更换的饰品，如窗帘、靠垫、地毯、装饰画、灯具、工艺品以及绿植等。装修完毕后，我们可以利用这些可移动的饰品对空间进行进一步的装饰，又称为室内设计的二度陈列。硬装指的是对整个建筑结构的确定以及从设计上考虑的进一步的处理，也就是我们常见的对墙体、地面、顶棚等的装饰处理。硬装通常包括顶棚、地板、墙面、电线、水管、门窗、洁具、橱柜等不可随意移动的物体。软装与硬装的区别，很大程度上是人们根据装修的顺序来分的，软装都是在硬装结束后才开始进行。但事实上，现在想要完全地区分开软装与硬装是很不现实的一件事情。随着各类科技的发展，在装修建材上也出现了越来越多"硬"材料与"软"材料相结合的新产品，在进行家居设计时，甚至会将硬装材料与软装材料相互交换使用，这样也常常会出现另一种装饰效果，让家居充满亮点。

软装设计注重对环境空间的美学提升，注重空间的风格化，体现独特个性化。在如今的环境设计中，软装越来越多地被重视，甚至在某些单套环境空间的装饰中，软装的造价比例已经超过硬装的造价比例了。"轻装修、重装饰"已是业界的主流趋势，这种理念其实在国外很早就已经普及，按目前我国的经济发展态势来看，国人的生活水平也将逐渐和国际接轨，这并不是要大家一味地模仿外国人的生活方式，只是"轻装修、重装饰"的理念在国外已有了多年的历史，并被大家证实是科学、合理的家庭装修理念。"轻装修"并非不重视装修，甚至偷工减料、以次充好，而是避免装修过度，堆砌产品。"重装饰"意味着追求细节的完美，其多变性、灵活性也更易于营造一个人性化、个性化的生活空间。自然实用，不奢华。生活美学，关乎设计，更关乎心情。

本书在编写中得到以下同事、同学的支持，感谢他们为此书提供素材、图片等资料：袁倩、祖赫、朱莹、赵媛、张航、张刚、张春鹏、杨超、徐莉、肖萍、吴艳飞、吴方胜、吴程程、孙莎莎、孙双燕、孙未靖、施艳萍、邱丽莎、秦哲、马一峰、罗浩、汤留泉、刘艳芳、卢丹、刘波。

编　者

目 录

前言

第1章
室内软装设计概述

识读难度：★ ★ ★ ☆ ☆

核心概念：软装设计、陈设设计、软装市场、潮流

章节导读：

软装即软装修、软装饰。软装设计所涉及的产品包括家具、灯饰、窗帘、地毯、挂画、花艺、饰品、绿植等。根据业主喜好和特定的软装风格，通过对这些软装产品进行设计与整合，对空间按照一定的设计风格和效果进行软装工程施工，最终使得整个空间和谐温馨、漂亮。

1.1 了解室内软装设计

软装是相对于建筑本身的硬结构空间提出来的，是建筑视觉空间的延伸和发展。软装对现代环境空间设计起到了烘托环境气氛、创造环境意境、丰富空间层次、强化室内环境风格、调节环境色彩等作用，毋庸置疑地成为室内设计过程中画龙点睛的部分。

1.什么是软装设计

在室内设计中，建筑与构造设计可以称为"硬装设计"，而陈设艺术设计可以称为"软装设计"。"硬装"是建筑本身延续到室内的一种空间结构的规划设计，可以简单理解为一切室内不能移动的装饰工程；而"软装"可以理解为一切室内陈列的可以移动的装饰物品，包括家具、灯具、布艺、花艺、陶艺、摆饰、挂件、装饰画等，"软装"一词是近几年来业内约定俗成的一种说法，其实更为精确的应该叫作"陈设"。

↑墙体、地板以及梁柱均属于硬装范围，它们不可移动，有其固定的结构。

↑花瓶和鲜花是可以移动的，随着业主的爱好和兴趣做着相应的改变，属于软装范围。

↑布艺集装饰性与实用性为一体，包含了多个方面，被套与床单以及抱枕均属于软装范畴。

↑装饰画搭配因不同人性格而千变万化，随着季节的改变也可做出相应的调整，属于软装范畴。

2.什么是陈设设计

陈设也可称为摆设、装饰，俗称软装。陈设品可理解为摆设品、装饰品，也可理解为对物品的陈列、摆设布置、装饰。陈设品是指用来美化或强化环境视觉效果的、具有观赏价值或文化意义的物品。换一种角度说，只有当一件物品既具有观赏价值、文化意义，又具备被摆设（或陈设、陈列）的观赏条件时，该物品才能称作为陈设品。就陈设品的概念而言，它包括室外陈设品和室内陈设品两部分内容。但近年来人们对室外陈设品都称之为"小品"，故通常提到的陈设品都指室内陈设品。

↑绿植与花卉符合陈设的观赏条件，用于装饰室外庭院或者道路，属于室外陈设品。

↑该类散装实木雕刻摆件，散发着北欧的风格韵味，无论是单独摆放，还是组合摆放都能为室内增添趣味气息，属于室内陈设品。

→绿植能够美化和强化环境视觉效果，根据不同的室内风格可选择不同的植物种类。

陈设品的内容丰富。从广义上讲，环境空间中，除了围护空间的建筑界面以及建筑构件外，一切实用或非实用的可供观赏和陈列的物品，都可以作为陈设品。根据陈设品的性质分类，陈设品可分为四大类：

（1）纯观赏性的物品

纯观赏性物品主要包括艺术品、部分高档工艺品等。纯观赏性物品不具备使用功能，仅作为观赏用，它们或具有审美和装饰的作用，或具有文化和历史的意义。

（2）实用性与观赏性为一体的物品

实用性与观赏性为一体的物品主要包括家具、家电、器皿、织物等。这类陈设品既有特定的实用价值，又有良好的装饰效果。

陈设物品

↑该类艺术品具有文化意义，代表了各个雕塑家的主要作品，只能作为观赏用，不具备使用功能，但能增添业主的文化艺术魅力。

↑色彩缤纷的沙发抱枕令人如沐春风，柔软的布料带给人亲切温和的感受，既具备实用性又具备观赏性，忙碌一天的业主一定很怀念抱枕的温度。

↑在选择家具的过程中，实用性应大于其装饰性，当然有很多家具两者兼备，挑选自己喜爱的即可，同时注意尺寸是否符合。

↑现代许多家电超越了以往家电的性能，在满足了基本功能之时，其样式也更加丰富和靓丽。

（3）因时空的改变而发生功能改变的物品

因时空的改变而发生功能改变的物品一般是指那些原先仅有使用功能的物品，但随着时间的推移或地域的变迁，这些物品的使用功能已丧失，同时它们的审美和文化的价值得到了升值，因此而成为珍贵的陈设品。如远古时代的器皿、服饰甚至建筑构件等。又如异国他乡的普通物品都可以成为极有意义的陈设品。

←红灯754是当年上海无线电二厂的普及型机种，属于便携式机器。使用三节大号电池为整机供电，选用0.1m口径的喇叭，声音优美而饱满。独立的收音机在当代社会已渐渐退出了历史舞台，然而古老的物品因其质朴的特征成为许多人们的收藏品，寄托着怀旧的情感，随着时间的沉淀，其使用功能发生了改变，而审美价值得到了提高。

（4）原先无审美功能的经过艺术处理后成为陈设品的物品

这类物品可分两类：一类是原先仅有使用功能的物品，将它们按照形式美的法则进行组织构图，就可以构成优美的装饰图案；另一类是那些既无观赏性，又没有使用价值的物品，经过艺术加工、组织、布置后，就可以成为很好的陈设品。

←许多人在喝完啤酒或者饮料之后，瓶盖便失去了它的价值，但许多拥有创新意识的手工者们将它们聚集到一起，根据其颜色或者造型拼成了具有艺术感的画作，装饰在家中，别有风味。

↑报纸上的信息阅览完毕后，报纸的价值也随之而去，但报纸的质地具有复古特色，泛黄的报纸可以折叠或者粘贴成各类小件，摆放在家中，增添了室内的艺术感。

3.软装设计有何用

软装应用于环境空间设计中，不仅可以给居住者视觉上的美好享受，也可以让人感觉到温馨、舒适，具有自身独特的魅力。

（1）表现环境风格

环境空间的整体风格除了靠前期的硬装来塑造之外，后期的软装布置也非常重要，因为软装配饰素材本身的造型、色彩、图案、质感均有一定的风格特征，对环境风格可以起到更好的表现作用。

↑米黄色调软装表现温馨浪漫的风格。

↑白蓝相间色调的软装表现简约舒适的风格。

↑白灰色系的结合，彰显气质简约风，适合年轻群体。

（2）营造环境氛围

软装设计对于渲染空间环境的气氛，具有巨大的作用。不同的软装设计可以造就不同的室内环境氛围，例如，欢快热烈的喜庆气氛、深沉凝重的庄严气氛，给人留下不同的印象。

↑咖啡厅是许多人们工作间隙来放松的地方，因此整体风格应该简洁清新，不必过于累赘，可尝试浅色调，如原木色给人乡间小林的感觉，使人卸下防备。

↑餐厅是人们在忙碌之后聚会或是饱餐的地方，需要运用较为适当的颜色激起人们的食欲。

三类常用餐厅色调及氛围效果		
色系	色彩氛围	图 例
红色系	红色是一个非常喜庆、热情的色彩，因此红色风格的餐厅能够让人焕发活力。很多中式风格的餐厅都特别喜欢使用红色调	
绿色系	绿色是一种特别清新明快的颜色，能够带来不一样的舒适感，在餐厅中搭配一些绿色的家具，也特别亮眼	
黄色系	黄色是一种特别有活力的色彩，能够带来别样的温馨感觉，因此想要素雅一些的餐厅风格的话，可以考虑黄色系	

图解小贴士

色系并不是所有的软装饰品都要应用这一个颜色，也可以采取单色点缀的形式，避免颜色过于厚重带来视觉疲劳。例如，红色系餐厅，可以选择一盏红色的灯具，其他家具选择与红色搭配的颜色，但一定要突出色系重点。

（3）调节环境色彩

在现代环境设计中，软装饰品占据的面积比较大。在很多空间里，家具占的面积大多超过了40%，其他如窗帘、床罩、装饰画等饰品的颜色，对整个空间的色调形成起着很大的作用。

←原木色家居能很好地诠释返璞归真的情调。卧室尽量选择颜色较浅的原木色家具，浅原木色调的家具清淡温馨，更代表一种简约的情调。原木色和白色搭配最容易上手。白色能突出原木家具本身崇尚自然、清新宜人的风格，保证装修整体简洁明亮。

（4）随心变换装饰风格

软装的另一个作用就是能够让环境空间随时跟上潮流，随心所欲地改变居家风格，随时拥有一个全新的风格。例如，可以根据心情和四季的变化，随时调整布艺，夏天换上轻盈飘逸的冷色调窗帘，换上清爽的床品，浅色的沙发套等，这时整个空间就立刻显得凉爽起来。

↑清丽的绿色适合春季，给人生机勃勃的感觉，每天都会令人充满动力。

↑轻盈的纱织窗帘，随着微风缓缓飘动，洁净的白色给夏天降低了温度。

↑厚重的窗帘满足了冬季的保暖需求，暖色调的应用，每一眼都令人心生暖意。

图解小贴士

软装陈设设计与环境设计的关系

软装陈设设计与环境设计是一种相辅相成的枝叶与大树的关系，不可强制分开。只要存在在设计的环境中，就会有软装陈设设计的内容，只是多与少、高与低的区别。只要是属于软装陈设设计的门类，必然是处在设计的环境之中，只是与环境是否协调的问题。但有时在某种特殊情况下，或因时代形势发展的需求，软装陈设设计参与设计的要素较多，形成了以软装陈设为主的设计环境。

1.2 室内软装设计多样化

1.按材料分类

软装种类繁多，使用的材料种类也繁多，如花艺、绿色植物、布艺、铁艺、木艺、陶瓷、玻璃、石制品、玉制品、骨制品、印刷品、塑料制品等，都属于传统材料。而玻璃钢、贝壳制品、金属制品等，都属于新型材料。

→木质的中国风宫灯配以暖黄色的灯光，令人仿佛回到了那个年代，古朴的材质，给人以亲切感。

↑钢丝经过艺术的处理，被弯曲成不同大小的圆圈做成壁挂，十分有趣，坚硬的钢与暖光的结合别有风味。

↑镂空陶瓷花瓶给人一种通透感，外壁花瓣形状与鲜花呼应，将花瓶与花艺融汇一体。

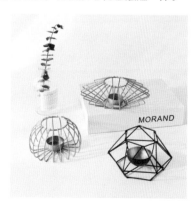

↑陶瓷做成菠萝的造型，颜色各异，摆放在家中趣味十足。

↑羊毛织成的小羊摆件，萌萌的造型煞是惹人喜爱。

↑铁艺摆件的抽象造型给人一种现代风的感觉，简约气质。

2.按功能性分类

装饰性陈设品主要是指具有观赏性的软装陈设，如雕塑、绘画、纪念品、工艺品、花艺等，此类装饰品有一部分属于奢侈品范畴，不是每个消费者都会选择，但是一旦选择正确，能大大提高室内空间的艺术品位。

↑精美的油画一般价值较高，若是出自名人之手，更是价值不菲，名画也属于奢侈品。

↑小型雕刻作品放置于桌案或是柜中，能很好地体现出主人品位，其精美工艺需要细细地感受。

↑花艺能够很好地改善室内软装氛围，粉红色的超大的蒲苇一定是许多少女的心头好，其柔软飘逸的形态令人无法抗拒。

功能性陈设品是指具有一定实用价值并具有观赏性的软装陈设，大到家电、家具，小到餐具、衣架、灯具、织物、器皿等，此类软装陈设放在环境空间中，不仅实用，又具有装饰效果。

↑梳妆台是卧室必不可少的一件家具，其具备储藏修饰功能，也具有很强的观赏性。

↑餐具是我们日常都会接触到的物品，热爱食物的主妇一定会有一套心仪的餐具，无论是从花色还是形状上，都符合其审美要求，精美的餐具也能增添食物的魅力。

↑晾衣架要比衣柜灵活得多，也轻巧得多，日常挂些小包、衣物都很方便，现代晾衣架的造型各异，随着功能的要求而变化，很富有观赏性。

↑动物造型的台灯很适合儿童房摆设，奇趣的造型结合温暖的灯光，能在夜晚带给孩子慰藉。这类台灯的形体丰富且具有变化，灯光照度不宜过大，以暖白光为主。

↑抱枕在室内设计中无处不在，抱枕的功能丰富，可以枕着、抱着，甚至坐着，就算不使用，摆在外面也能点缀沙发。抱枕一般放置在沙发上，与沙发靠垫形成组合，甚至可以取代传统靠垫。抱枕的色彩丰富，根据室内设计风格来选定。

↑鸭子形状的储藏器，造型虽夸张，但其储藏空间却一点都不小，放置的东西也充满了趣味。类似这类仿生形态陈设饰品在室内设计中只是起到点缀的作用，不宜过多搭配，否则会让人感到视觉疲劳，因为仿生造型过于具象化，对人的审美倾向会形成定势，摆放超过一年后容易令人厌倦，但频繁更换又会造成浪费。

3.按收藏价值分类

具有收藏价值的陈设品属于增值陈设品，如字画、古玩等。此类具有一定工艺技巧和有升值空间的工艺品、艺术品，都属于增值收藏品。其他无法升值的则属于非增值装饰品，例如普通花瓶、相框、时尚摆件等。

↑瓷器的保值价值较高，尤其是古玩类，精美的造型和存世的稀少都使得其升值空间很大。而且摆放在家中有一种尊贵的气质。

↑普通的相框是没有保值价值的，属于装饰品，能够使照片摆放在家中，不受灰尘的影响，一幅精美的相框能让照片成为一幅精美的装饰画。

4.按摆放位置分类

这里主要是指具有具体形态的摆件，如雕塑、铁艺、铜艺不锈钢、玻璃钢、树脂、玻璃制品、陶瓷、吹瓶、脱蜡琉璃、水晶、木雕、花艺、插花、浮雕、装饰艺术、仿古、做旧、艺术漆、手绘大理石、特殊油漆等都属于这一系列。摆件的造型有瓶、炉、壶、如意、花瓶、花卉、人物、瑞兽、山水、玉盒、鼎、笔筒、茶具、佛像等。而挂件主要包括挂画、插画、照片墙、相框、漆画、壁画、装饰画、油画等。

摆放
饰品

↑瓷器花瓶的造型具有浓厚的禅意，现在许多人都追求这种宁和的感受，花瓶外部绘有立体的竹叶，其握把也是竹节的样式，十分巧妙，配以简单的枯枝便足够祥和。

↑孙悟空是许多人心目中的英雄，尤其是随着许多电影的放映，齐天大圣的造型令人印象深刻，以此制作的摆件，非常适合年轻人的口味。

↑星星造型的吊灯，在夜晚搭配暖黄色的灯光，能够给人梦幻的感觉，但数量要多，无论是列成排还是随意地组合，视觉效果都非常强。

↑捕梦网是许多女孩子心中的首选，飘逸的羽毛，梦幻的颜色，结合暖暖的灯光，给你一个尘世中的好梦。

↑还记得孩童时的自制风铃吗？此款风铃清新文艺，简约中透出一种可爱。风，悠悠吹过，风铃，飘飘如歌，荡起层层悠韵。

1.3 软装设计市场

1.背景

　　软装艺术发源于现代欧洲，又称为装饰派艺术，也称"现代艺术"。它兴起于20世纪20年代，随着历史的发展和社会的不断进步，在新技术蓬勃发展的背景下，人们的审美意识普遍觉醒，装饰意识也日益强化。经过近10年的发展，于20世纪30年代形成了软装艺术。软装艺术的装饰图案一般呈几何形，或是由具象形式演化而成，所用材料丰富且贵重，除天然原料（如玉、银、象牙和水晶石等）外，也采用一些人造材料（如塑料，特别是酚醛材料、玻璃以及钢筋混凝土之类）。其装饰的典型主题有动物（尤其是鹿、羊）、太阳等，借鉴了美洲印第安人、埃及人和早期的古典主义艺术，体现出自然的启迪。出于各种原因，软装艺术在二战时不再流行，但从20世纪60年代后期开始再次引起人们的重视，并得以复兴。现阶段软装已经达到了比较成熟的程度。

仿古吊灯

皮革软包墙面造型

木质装饰画框

仿古羊皮台灯

双层窗帘

仿古床头柜

仿麂皮床饰

低簇绒地毯

图解小贴士

陈设品的陈设原则

　　环境空间的陈设应考虑人的心理承受惯性，满足人们的心理需求。在日常生活中，人们对一些空间形式及内部装饰形成了一些约定俗成的惯性，这是长时间积累的，符合人的心理经验的。如医院的陈设大多色彩淡雅、质感柔软，以安抚人们焦虑、不安的心理；而商场的陈设大多比较活泼、休闲，为人们提供轻松、愉悦的购物环境。

可爱的动物造型软装饰品

←现代简约家具强调功能性设计，线条简约流畅，色彩对比强烈。大量使用亚克力等新型材料作为辅材，也是现代风格家具的常见装饰手法，能给人带来前卫、不受拘束的感觉。

　　软装历来就是人们生活的一部分，它是生活的艺术。在古代，人们已懂得用鲜花和油画等来装饰房屋，用不同的装饰品来表现不同场合的氛围，现代人更加注重用不同风格的家具、饰品和布艺来表现自己独特的品位和生活情调。随着经济全球化的发展，物质的极大丰富带给人们琳琅满目的商品和更多的选择，怎么样的搭配更协调、更高雅、更能彰显居者的品位，成为一门艺术，于是诞生了软装行业。

↑新中式风格将现代与传统结合起来，既保留了其特色的东西，又不失现代时尚的潮流。　↑花罩可谓是传统中式风格中不变的标杆，不同形状及功能的花罩也能给人带来不同的视觉感受。

↑现代风格家具

↑古典风格家具

随着时代的不断发展，软装走入了人们的生活，对这一起源于欧陆，风靡整个世界的装饰理念，国内也是这些年才了解的，当然还是从沿海地区发展到内地。软装更可以根据空间的大小形状、人的生活习惯、兴趣爱好和各自的经济情况，从整体上综合策划装饰装修设计方案，体现出人的个性品位，而不会千篇一律。相对于硬装一次性、无法回溯的特性，软装却可以随时更换、更新不同的元素。

2.当今状况

国内自从1997年家装行业正式诞生至今，随着业主需求的不断提高，装饰装修行业对设计师们提出了新的要求，市场上室内设计师们的角色也发生了较大的变化。虽然近两年软装设计师在北京、上海、广州、杭州逐渐兴起，但是从业人员的数量远远满足不了市场需求。

在国内，当前市场上出现了许多在室内设计机构之外而独立的软装设计公司，一般都是等项目设计完成后甚至是施工完成后再介入进来，软装设计公司根据硬装设计师的意向、概念帮他们做后期的配饰。因此软装陈设设计是一项整体的工作，若是将它分拆成两个部分，后面这一部分的设计师对前面设计师理念的理解，存在很大的不确定性与歧异性，这就会给完整的项目设计结果带来一种风险，因为他们双方在设计与沟通上会存在一定脱节与断裂行为。随着国内设计领域整体发展进度的快速推进，以及与国外室内设计的频繁交流，软装设计与环境空间设计的距离必然会被逐步拉近，最终会结合成为一体。

←花店具备了花艺的自行设计、生产、来料加工等技术和设备条件，可提供各色品种鲜花。需要为家里添置盆栽或是鲜花可以到花店里挑选一番，其种类丰富，能满足大多数人的要求。

→宜家风格通常简约大方又不失创意，大多使用黑白灰以及原木色系作为家装主色调，清新自然。并且，宜家风格的家具配饰往往具有鲜明的线条，造型简约或是充满设计感，可营造出一个简约而不简单的家居空间。

↑彩绘墙面如今在现代软装市场很流行，水墨般的画面，清丽淡雅的颜色与床品契合完美，营造了一个舒适温馨的惬意空间。

↑抹茶色是许多女孩子喜欢的色调，与木质家具的搭配非常得当，既有春天的气息，又有淡淡的优雅韵味。

3.未来趋势

　　在个性化与人性化设计理念日益深入人心的今天，人的自身价值的回归成为关注的焦点。要创造出理想的室内环境，就必须处理好软装。从满足用户的心理需求出发，根据政治和文化背景，以及社会地位等不同条件，满足每个消费者群的不同的消费需求，设计出属于个人理想的软装空间，只有针对不同的消费群做深入研究，才能创造出个性化的室内软装。只有把人放在首位、以人为本，才能使设计人性化。作为一个软装设计师，要以居住的人为主体，结合环境空间的总体风格，充分利用不同装饰物所呈现出的不同性格特点和文化内涵，使单纯、枯燥、静态的室内空间变成丰富的、充满情趣的、动态的空间。

↑巨幅人像装饰画、人像雕塑、镂空的灯具，这些奇趣的元素、前卫的创意，使得该室内空间变得不再沉闷，而是充满了活力。

目前中国软装设计对象主要是相对富有的高端业主，主要项目包括：中高档住宅、别墅、房地产样板间、高档奢侈品展示厅、高档商品店面陈列、家居类产品展会布置与店面设计。从地域分布来看，国内的软装设计师与设计机构主要出现在北京、上海、广州、深圳等经济相对发达的一线城市。

↑酒店的装饰更应遵循以人为本的原则，要使人们住得舒适放松，需尽量为顾客考虑周到。

发展趋势

↑别墅的软装设计相对较为复杂，一是面积的广泛，二是功能的全面，三是装饰的精美程度。在装饰搭配上需要考虑空间的巨细形状来规划，还要考虑居室业主的爱好与习性，体现其品位。

↑样板间是对商品房的一个包装，也是用户对装修效果的一个参照物，更是一个楼盘的脸面，一个好的样板间软装设计，能够直接影响房子的销售情况。

图解小贴士

别墅软装设计技巧

1.从装修风格上来搭配软装

家居饰品要先找出大致的风格与色调，依着这个统一基调来布置就不容易出错。

2.从功能性来搭配软装

软装搭配从功能性上来看主要可以分成三类，一类以实用为目的，二类以观赏性、装饰性为目的，三类为以上两者的综合。在进行软装搭配设计的时候，要将各个部分有机地整合起来，形成一个统一的整体。

3.从颜色的选择来搭配软装

在进行软装搭配设计的时候，不得不考虑的一个问题就是颜色，一般的家装原则就是一个房间不要使用超过三种颜色，而白色可以说是百搭色。对于软装的颜色，要注意空间里色调的变化。

4.从小的家居饰品来搭配软装

摆饰、抱枕、桌巾、小挂饰等中小型饰品是最容易上手布置的单品，初学者可以从这些先着手，再慢慢扩散到大型的家具陈设。小的家居饰品往往会成为视觉的焦点，更能体现业主的兴趣和爱好。

　　随着软装设计的普及以及先进观念的深入迅速传播，我国正孕育着巨大的软装及家居饰品行业消费潜力，也是下一个会被追捧的创业蓝海之一。在国外，软装配饰概念已经十分普及，一般不用市场的引导，消费者自然会在一年四季更换家具搭配，营造不同的感受。正是因为欧美国家行业体系已经成熟，并且在过去50年来积累了大量行业经验，所以欧美企业的经验大可供国内要涉足此行业的人士及企业提供参考。软装是中国市场驱动的特定结晶，是当前时代的必然产物，随着我国设计行业的加速推进，软装设计与空间设计的距离必然会渐渐拉近，并最终合为一体。

↑近几年，欧式风格家具成为越来越多追求品位生活人士的选择。欧式风格家具可分为：欧式古典家具、欧式新古典家具、欧式田园家具、简约欧式家具四种。

↑为了充分体现天然材质之美，日式家具常选用竹、木、藤等作为家具材质。木造部分也只是单纯地刨出木料的轮回，再加以装饰，利用了木质的天然感，给人以一种干净、素雅的感觉。

1.4 国际时尚家居潮流

1.谷仓门

现代家装界的时髦领跑者，非谷仓门莫属。起源于美式农场的谷仓门，现在已摇身一变成为了Ins上的网红家居宠儿，无论是在千万豪宅，还是经济适用的小户型，都能见到谷仓门的身影。谷仓门，就是"导轨外置的推拉门"。谷仓门的门型多样，基本没有风格限制，所以无论是怎样的装修风格，美式乡村或现代简约，再或者是奢华时尚，谷仓门都能消化掉，为整体家装添上画龙点睛的一笔。

除了常见的原木色、白色，在家装设计时不妨大胆地采用亮色的谷仓门，来提亮整体空间，凸显活泼个性。

↑谷仓门的优点多得数不胜数，比如高颜值，节省空间，风格不受限制，适用于多种空间，选择性也很多。但是，万众追捧的谷仓门还是有缺点的，比如私密性较差，隔声性较差，同时目前还没有在市场上普及，购买渠道大多以网购为主。

↑木质谷仓门，具有乡村气息。

↑鲜活的亮橘色谷仓门，浓浓的工业风。

2.田园碎花风壁纸

春季总是个令人感觉美好的时节，想要将春季的浪漫和唯美留下，不妨尝试最近大热的田园碎花风壁纸。田园风是营造户外感最好的风格之一。看似复杂的碎花图案会让整体风格看起来柔和素雅，巧妙地融入了周围的整体风格当中。在选择时最好选择淡雅的颜色，一般淡色系能够营造出春日里阳光明媚的感觉，从视觉上会给人清新的感觉。这种壁纸比较适合用于卧室。多而不杂的印花图案可以令人精神上得到很好的放松，更有助于入眠。选择了这种碎花壁纸后，家具装饰最好是选择纯色来搭配，这会对视觉有辅助的作用。

田园
壁纸

↑中国风印花壁纸能轻松地营造出复古的氛围，有一种曲径通幽的安逸感，让家居风格清新且独具韵味。

↑大花图案是最为方便搭配的一种墙壁装饰。硕大的图案将春天的感觉无限放大，令人更清晰地感受身临其境的美感。

↑壁纸的应用使得墙面已经夺人眼球，在装饰物的选择上，不要再选择那些极具设计元素的装饰品了，推荐这种纯色带有造型设计感的花瓶。

3.Ins风格家居

Ins是指一款叫Instagram的应用，用户可以在上面分享自己的照片。近几年逐渐形成了特有的风格，淘宝上关于Ins的摄影工具备受年轻人欢迎，大家对这种清新、自然、复古、有格调的风格很是痴迷，也延伸出了Ins风格的家居。对于这种新风格很多人都会误以为它属于性冷淡风，然而并非如此。Ins风格最主要的核心是简约，无论是从家居设计还是整体色系的搭配上，都以简约风格为主。另外，除了极简的风格之外，在装饰上Ins风还会运用到现代家居的一些元素，像是北欧风装饰、绿植等时尚元素。总之，Ins风就是集合了北欧风+现代风+DIY+复古风等于一身的综合体。

↑Ins家居风比较简约，但少不了装饰物的衬托。白色的墙面需要装饰性的设计来进行点缀。

↑木质的座椅是有效调节整体氛围的利器。不过最好是选择布艺与木质相结合的座椅设计。

↑想要营造出清新简约的家居风格，少不了原木材料，这种浅色系的原木材质很容易营造出柔和的舒适感，可以为整体增添些自然风。

Ins风格家居常用单品

绿植花艺	灯具灯饰	挂件摆件	布艺

4.珊瑚色家居

　　火热的时尚珊瑚色，大肆席卷到美妆、服饰潮流中，就连家居也无法"幸免"。据说珊瑚色是最近最流行的家居调色盘，相比红色太艳，粉色太嫩，一款折中色，四季皆宜可选搭，清新却也依旧热情。运用珊瑚色，给家一片明亮的色调，心情似乎也开朗起来。珊瑚色是作为橙色、红色、粉红色、浅橙色和铁锈色的复色。凭借其先天具有天鹅绒般的视觉质感，家居也容易看起来更明亮，暖色也更显亲和力。如果家中深色家具较多，不如就选择珊瑚色。在冷冷的灰色中，加入新晋的珊瑚色，梦幻和温暖也便应运而生。

↑珊瑚色的家具同样出彩，不管是作为储物柜、电视柜、沙发，或者只是小小的矮凳，这抹颜色也能发挥其耀眼的能力。

↑珊瑚色的木门作为点睛色，含蓄优雅却更耐人寻味，低调的气质容易让人过目不忘，可以轻松点亮家居原本暗淡的角落，更具生机与个性。

5.美人鱼砖

　　如今家居的装饰越来越追求个性化，各种不同的装饰方式不断出现，让人们有更多的选择，可以根据自己的喜好装饰房子。美人鱼瓷砖的独特造型与复古肌理一定能捕获你的目光，这些鳞片状的瓷砖已经成为一种新流行，越来越多的人选择这种瓷砖装饰自己的房子。这是一种非常微妙的装饰瓷砖，它可以低调，也可以非常的高调，只要适当的利用，就能为业主的装饰起到事半功倍的效果。

↑窗帘也是众多家居中不可忽略的一环，飘逸灵动的美感装点着家居美景。自从遇上珊瑚色系的窗帘，才猛然醒悟，有这样仙气十足又"公主"的"一帘美饰"。

←颜色清爽的白色厨房，非常适合蓝色的加入，加上了美人鱼瓷砖，立刻有了海洋的气息，为装饰简单的厨房增添了更多的画面感。

→浴室是最适合这种瓷砖的地方，因为美人鱼瓷砖本来就具有海洋气息，和与水相关的浴室最为搭调。将淋浴间的一面墙铺成蓝色的海洋，或装饰浴室的地面，都是非常好的选择。

藤编饰品

6.藤编设计

　　无论是时尚穿衣还是家居设计，田园风都是备受人们喜爱的一种风格，特别是在春夏季，藤编设计更是清爽风格的标志。早在还没有空调冷气的年代，藤编工艺便是春夏季节里的首选设计，那种清新自然的风格能够在炎热的季节带来丝丝清凉。

←藤编灯饰是最简单的一种对自然渴望的表达，这种设计不光能照明，更像是为你照亮家中的一片净土，营造出简洁自然的气息。保留藤条的原色加上一些简单的配件搭配就形成了这些灯具，古朴且温馨。

↑纵横交错的藤蔓草木让地毯的质地很坚韧，弹性比较好，透气性也很强。可以轻松地营造出东南亚的复古风格。

↑藤椅通常都拥有宽大的外形，坐稳后这种宽松感会让你觉得很舒适。灵活度极高的藤编设计可以轻松搭配家具风格。

↑藤蔓茶几很适合简约和色彩鲜明的家居设计，搭配布艺的沙发能够让整体风格变得温馨而又轻松，素雅的藤编茶几尽显自然情怀。

↑单看藤编灯的外表，精细的工艺让你领略到了它的美感，除此之外，其实打开灯那种斑驳的隐约美同样令人赏心悦目。这样的光晕轻松地为家居设计营造出了温馨感，而这种柔和的灯光也能舒缓疲惫的神经，让你一入家门打开灯光就能放下一天的工作压力。

↑对于藤蔓灯的搭配，除了咱们熟知的中式风格之外，美式复古风也十分受用。柔和明快的氛围搭配着红棕色实木的装饰设计，强大的厚重感全部凸显出来，让整个客厅内都充斥着美式的空旷和不羁。

7.褶皱设计

2019年最新的室内设计趋势中，充满线性主义意味的"褶皱"设计排在了软装设计趋势的首位。作为时尚流行设计趋势的经典元素之一，褶皱在时尚、艺术、软装等诸多领域有着出色的表现。其主要应用于墙面的设计，作为餐厅、卧室或主客厅的背景，也可以作为家具本身使用，通过垂直的图案或纹理装饰出时尚、有设计感的家。

←简约风、性冷淡风似乎从来都不会过时，垂直的褶皱背景墙将大面积的色块完整分割，整体视觉效果更加流畅，又不会抢了主体物的装饰光芒。

↑垂直的纹理在巧妙的灯光设计下，呈现出完整又不失变化的光影效果，不经意间烘托出静谧、舒适的空间氛围。

↑或横向或纵向的褶皱让空间得以延展，视觉效果更具连贯性。

↑作为生活的私密空间之一，安全感与稳定感是进行室内设计时追求的重中之重。褶皱肌理与平滑肌理相间的装饰设计让空间富有韵律感。

↑简约、干净、整洁的视觉效果是设计洗漱空间的精妙所在，褶皱的应用往往可以完美地呈现出空间的非常规性表现。

↑充满垂直褶皱效果的家具比想象中更加百搭，并具有设计形式感。

↑竖直的流线形，给人很优雅和高级的感受，同时还能结合多种材质或色彩，让装修风格更多样。

第2章
软装设计实践

识读难度：★ ★ ☆ ☆ ☆

核心概念：设计师、设计原则、设计流程、
预算成本

章节导读：

    设计是将一种计划、规划、设想通过视觉形式传达出来的活动过程，设计是艺术与技术的统一，是在这个发展迅猛、多元化的世界，人类不可或缺的视觉享受。而设计师则是通过设计这座桥梁，在从事的领域里创造、创新，为人类造福。人们常常把设计师和艺术家混为一谈，但要称得上设计师，仅凭感性、仅凭灵感是远远不够的，他需要具备更多的能力、更多的素质。

2.1 软装设计师

现代设计师必须是具有宽广的文化视角、深邃的智慧和丰富的知识，必须是具有创新精神、知识渊博、敏感并能解决问题的人。

1.设计师应具备的能力

（1）注重空间使用人的生活方式

作为设计师不仅仅关注的是风格，强化主题，更重要的是关注使用这个空间的人的生活方式。

适应时代的发展，设计才能够满足这个时代人对颜色、功用等方面的要求。陈设表达离不开对人群生活方式的探究和思考。一个空间从家具、布艺、灯具、绿植、花艺、挂画，到美感和品位，都需要设计师不断地去加强和提升美感的表述品位来诠释。需要设计师根据使用空间的人与特征，进行观察、表述，最终演绎出来。

↑日常的小件物品摆设也需要秩序感和错落感，但整体上是协调的，多而不杂，乱而有序。

←白色沙发非常容易搭配，布面的设计本身就能给人一种舒适的感觉，另外还非常的耐用。

（2）具备良好的沟通能力

作为陈设设计师需要具备良好的沟通能力。在与人沟通的时候，能够了解到对方的品位需求、对美感的感受，才能够针对这类人群，做出相对于他们习惯与喜好的场景。陈设设计师在和业主沟通的过程当中始终要明白，自己本身并不是艺术家，起点是业主，终点也是业主。例如，沙发是生活中经常用到的家具，要根据业主的习惯和爱好来进行挑选。

←一般深色系的沙发都具有浓厚的色彩，所以看上去比较厚重。整个沙发看起来很饱满，成为了客厅的主角。

←绒面沙发，深蓝色给人以清冷的感觉，但搭配绒面的质感又增添了些许温馨。

（3）不断加强对美感、质感的高品质追求

作为软装设计师，不仅要能够将这些空间陈设合宜地设计出来，而且还要在个别产品的选择上，拥有独到的眼光。这些眼光来源于我们平时的观察、收集和个人素养，所以要不断加强对美感、质感的高品质追求。例如，窗户的设计是家庭装修设计时的一部分，也是室内可以看向外面世界的通道。窗户的设计，可以有很多种的创意，以带给室内空间不同的视觉感受和风景。

↓宽大的落地窗是我们许多人心中的向往，闲暇时靠在窗台欣赏窗外的美景，能让人感受到生活的美好。

→结合居室的位置、周围的景色，可以适当调整窗户的大小和方位，正确的窗户形式设计能让景色更加充满魅力。

2.设计师应具备的素质

（1）设计师一定要自信

　　坚信自己的个人信仰、经验、眼光、品位，不盲从、不孤芳自赏、不骄、不浮。以严谨的治学态度面对设计，不为个性而个性，不为设计而设计。作为一名设计师，必须有独特的素质和高超的设计技能，即无论多么复杂的设计课题，都能通过认真总结经验，用心思考，反复推敲，汲取消化优秀设计精华，实现新的创造。例如，浴室的设计要考虑到多方面的因素，相对其他空间的设计要复杂一些，这很考验设计师的个人能力和解决问题的能力。

基本
素质

←浴室可以说是最体现一个人生活品质和档次的室内设施了，好的浴室，能将空间风格和功能很好地融合在一起。想象一下可以在满是泡沫的超大浴缸里彻底放松身心，是一件多么幸福的事情。

←开放式浴室以更宽敞、通透的空间格局，使卫浴间摆脱狭仄幽闭的印象，而且影音设备、书架、躺椅等家具都可以透过无隔间的设计来与卧室等空间融合，让人在泡澡的同时，也可阅读、听音乐、看电影。

（2）设计师应该具有职业道德

设计师职业道德的高低和设计师人格的完善有很大关系，往往决定一个设计师设计水平的就是人格的完善程度，其程度越高，理解能力、把握权衡能力、辨别能力、协调能力、处事能力等就越能协助设计师在设计中越过一道又一道障碍，所以设计师必须注重个人的修行。

职业
道德

→浴室可以说是最体现一个人生活品质和档次的室内设施了，具有职业道德的设计师就是要为客户全心全意地服务。酿酒桶被改造成了精巧别致的浴桶，整面墙都由原生态的木条拼接而成，纱帘带来的光影效果更营造了朦胧绰约的意境。好的浴室，能将空间风格和功能很好地融合在一起。想象一下可以在满是泡沫的超大浴缸里彻底放松身心，是一件多么幸福的事情。

（3）设计师要懂得自我提升

设计的提高必须在不断的学习和实践中进行，设计师的广泛涉猎和专注是矛盾与统一的，前者是灵感和表现方式的源泉，后者是工作的态度。在设计中最关键的是意念，好的意念需要修养和时间去孵化。设计师还需要开阔的视野，使信息有广阔的来源。

自我
提升

↑家居中的某些元素用大理石花纹来点缀，能够塑造出精致感与高级感，如墙面、桌面、地面等。

↑除了硬性材质，大理石花纹还可表现在布艺上，如床单、被套、桌布、灯罩、地毯等。

（4）设计师需要从多个角度进行考量

有个性的设计可能是来自于本民族悠久的文化传统和富有民族文化特色的设计思想，民族性和独创性及个性同样是具有价值的，地域特点也是设计师的知识背景之一。未来的设计师不再是狭隘的，而每个民族的标志更多地体现了民族精神层面，民族和传统也将成为一种图式或者设计元素，作为设计师有必要认真了解民族传统和文化。

←中式风格中书法作品是一大代表，可彰显文人气息，除此之外，博古架也是必不可少的一件家具。看着琳琅满目的陈设品参差地摆放在博古架上，能给人带来极大的成就感。

→日式风格其独特的木质结构给人带来自然的气息，门一般为推拉门，这符合日本人的生活习惯。

 图解小贴士

软装设计师与室内设计师的区别

室内设计师主要是对建筑内部空间的六大界面，按照一定的设计要求，进行二次处理，也就是对通常所说的顶棚、墙面、地面的处理，以及分割空间的实体、半实体等内部界面的处理。软装设计师则是通过自然环境配合客户的生活习惯打造一个舒适、科学的生活空间。

室内设计师技术要求高，能达到水平的人少。软装设计师不需要繁琐的专业软件，只要热爱生活，对配饰行业有极高的兴趣，或是具有一定的生活阅历及品位，都可以成为很好的软装设计师。室内设计师所需软件为3ds max、AutoCAD、Photoshop等，要求绘制效果图，同时还要有扎实的手绘功底，还需要掌握建筑里的硬件设施，与工地施工员打交道较多。软装设计师对于生活细节方面把握程度高，善于营造生活细节，整个工作流程以实际产品为主，所需软件为AutoCAD、Photoshop。

2.2 遵循设计原则

1.定好风格，再做规划

软装不仅可以满足现代人多元的、开放的、多层次的时尚追求，也可以为环境空间注入更多的文化内涵，增强环境中的意境美感。但在软装设计中要遵循原则，才能装扮好环境空间。在软装设计中，最重要的概念就是先确定环境空间的整体风格，然后用饰品作点缀。在设计规划之初，就要先将业主的习惯、好恶、收藏等全部列出，并与业主进行沟通，保证在考虑空间功能定位和使用习惯的同时满足个人风格的需求。

←地中海风格最经典的颜色搭配便是蓝与白的结合。

↑深蓝色的瓷砖与浅蓝色的瓷砖相结合，很好地营造了海洋的氛围。

2.比例合理，功能完善

软装搭配中最经典的比例分配莫过于黄金分割了。如果没有特别的设计考虑，不妨就用1：0.618的完美比例来划分环境空间。例如，不要将花瓶放在窗台正中央，偏左或者偏右放置会使视觉效果活跃很多。

↓在软装设计时要注意色彩搭配的轻重结合，饰物的形状大小分配协调和整体布局的合理完善。

↑此款绿植为中等大小，侧放在楼梯的左面，视觉效果很活跃，与地中海风格的搭配十分得当。

3.节奏适当，找好重点

　　节奏与韵律是通过体量大小的区分、空间虚实的交替、构件排列的疏密、长短的变化、曲柔刚直的穿插等变化来实现的。在软装设计中，虽然可以采用不同的节奏和韵律，但同一个房间切忌使用两种以上的节奏，那会让人无所适从、心烦意乱。

　　在环境空间中，视觉中心是极其重要的，人的注意范围一定要有一个中心点，这样才能造成主次分明的层次美感，这个视觉中心就是布置上的重点。对某一部分的强调，可打破全局的单调感，使整个居室变得有朝气，但视觉中心有一个就够了。

↑该卫生间的重点为红色和黄色，红色的瓷砖和台上盆配以黄色的向日葵和浴缸，撞色巧妙。

↑该客厅的视觉中心为茶几，造型别致，为中国传统大鼓，深沉的红色与其他家具配合完美。

4.多样配置，统一协调

　　软装布置应遵循多样与统一的原则，根据大小、色彩、位置使之与家具构成一个整体。家具要有统一的风格和格调，再通过饰品、摆件等细节的点缀，进一步提升居住环境的品位。调和是将对比双方进行缓冲与融合的一种有效手段。例如，通过暖色调的运用和柔和布艺的搭配来实现。

→面盆使用了青花瓷元素，增添了一丝复古韵味，由金色镶嵌的圆镜边框，更加深了年代感。

↑独特的暖色系的应用与小碎花的结合，以及装饰画的点缀都提升了居住环境的品位。

2.3　一般设计流程

国外的软装设计工作基本是在硬装设计之前就介入，或者与硬装设计同时进行，但我国的操作流程基本还是硬装设计完成确定后，再由软装公司设计方案，甚至是在硬装施工完成后再由软装公司介入。

 图解小贴士

软装设计的误区

1.过于喧宾夺主的装饰漆

装饰漆可以为空间添一抹亮色，但关键在于能够掌握在其中的程度。使用得过量则会以粗俗的效果结尾。

2.顶灯

在每个房间应用调节器以及柔和的白炽灯泡，灯光不应当直接照在人的头顶上，那样太过刺眼和僵硬。

3.不成比例的台灯

不要强硬地去创新，简单的搭配也很出彩。

4.被束缚的抱枕

不要用过大、过鲜明的抱枕，使客厅的布局显得过于正式。

5.孤立的光源

好的光源关键在于在不同高度所产生的光源层次。不要单单依靠一种光源，可以将各种的顶灯、地灯还有台灯混合搭配使用。

6.忽视窗户

窗饰不仅代表装饰的结束，除了油漆，窗饰是改变整个房间观感的最容易和最便宜的方法。

1.前期准备

（1）完成空间测量

上门观察空间，了解硬装基础，测量空间的尺度，并给各个角落拍照，确定硬装节点局部，查阅各类软装风格与陈设饰品资料，绘出环境空间基本平面图和立面图。

（2）与业主进行探讨

通过空间动线、生活习惯、文化喜欢、宗教禁忌等各个方面与业主进行沟通，了解业主的生活方式，捕捉业主深层的需求点，详细观察并了解硬装现场的色彩关系及色调，控制软装设计方案的整体色彩。探讨时不要过于主动，应当更多倾听业主的喜好和设计要求，根据要求来确定设计方向。

设计
准备

（3）软装设计方案初步构思

综合以上环节进行平面草图的初步布局，将拍照后的素材进行归纳分析，初步选择软装配饰。根据初步的软装设计方案的风格、色彩、质感和灯光等，选择适合的家具、灯饰、花艺、挂画等。

↑该浴室充分合理地利用了空间动线，楼梯下方的角落，刚好放下浴缸。

→地中海的白蓝色调，楼梯花纹设计别有一番风味，仿佛海风迎面而来。

←此款柜子具有典型的古典美，柔软的装饰线条，造型别致的桌角，干净而不拖泥带水。

↓这款设计中，整体颜色选用了偏米白色的设计，加以正红色点缀，正红色的大气正符合新古典主义。

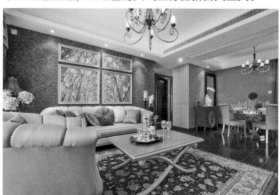

（4）签订软装设计合同

与业主签订合同，尤其是定制家具部分，确定定制的价格和时间。确保厂家制作、发货的时间和到货时间，以免影响进行软装设计的时间。

↑冬天需要的是稳重深沉的颜色来突出冬季的深邃氛围，在沙发颜色的选择上可以选择深色系。

↑无论是长毛还是短毛地毯打理起来都比较费劲，时下比较流行的平织布艺地毯，美观又方便。

↑为了能在冬季营造出温馨的氛围，灯光的颜色尽量选择偏黄的那种，搭配灯罩可以变得柔和。

2.中期配置

（1）二次空间测量

在软装设计方案初步成型后，软装设计师带着基本的构思框架到现场，对环境空间和软装设计方案初稿反复考量，感受现场的合理性，对细部进行修正，并全面核实饰品尺寸。

（2）制订软装设计方案

在软装设计方案与业主达到初步认可的基础上，通过对配饰的调整，明确在本方案中各项软装配饰的价格及组合效果，按照配饰设计流程进行方案制作，提出正式的软装整体配饰设计方案。

（3）讲解软装设计方案

为业主系统、全面地介绍正式的软装设计方案，并在介绍过程中不断反馈业主的意见，征求所有家庭成员的意见，以便下一步对方案进行归纳和修改。

（4）修改软装设计方案

在与业主进行方案讲解后，深入分析业主对方案的理解，让业主了解软装方案的设计意图。同时，软装设计师也应针对业主反馈的意见对方案进行调整。

（5）确定软装配饰

与业主签订采买合同之前，先与软装配饰厂商核定价格及存货，再与业主确定配饰。

（6）进场前产品复查

软装设计师要在家具未上漆之前亲自到工厂验货，对材质、工艺进行初步验收和把关。在家具即将出厂或送到现场时，设计师要再次对现场空间进行复尺。

↑尺度适当的家具对维持整个家居环境的协调性非常重要。

→装饰品的尺寸也需注意，太大了扰乱视线，太小了失去焦点，要合理选择。

（7）进场时安装摆放

配饰产品到场时，软装设计师应亲自参与摆放，对于软装整体配饰的组合摆放要充分考虑到各个元素之间的关系以及业主生活的习惯。

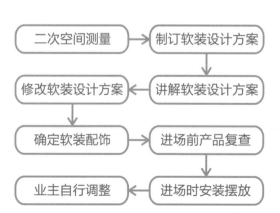

3.后期服务

软装配置完成后，应对软装整体配饰进行保洁、回访跟踪、保修勘察及送修。为业主提供一份详细的配饰产品手册，包括窗帘、布艺的分类、布料、选购、清洗等，以及摆件的保养、绿植的养护、家具的保养等。以下是以窗帘的保养为例。

序号	窗帘的保养事项
	保养方法
1	用湿布抹去灰尘，清洗窗帘前要注意窗帘的材质，如果窗帘绑带和配饰是手工编织工艺品，用湿布或吹风机吹掉表面的灰尘即可，不用水洗
2	为避免窗帘缩水，清洗时的水温控制在30℃以下，忌用烈性洗涤剂
3	为避免混合染色，不同的面料要分开清洗
4	较薄的窗帘不宜使用洗衣机洗，以免损坏
5	罗马帘需干洗，因为罗马帘对尺寸要求比较严谨，水洗可能会产生变形或缩水
6	遮光布最好用湿布抹擦，洗衣机会把遮光布后面的涂层洗得斑斑点点
7	竹帘、木帘要预防潮湿的液体和气体，清洁时切忌用水，一般用鸡毛掸扫或干布清洁即可
8	卷帘、百叶窗、垂直帘、百折帘和风琴帘可直接用湿布抹去灰尘

↑如果室内软装中布艺较多，可以有选择地运用一些皮革材质或粗麻材质，清洗保养起来更简单轻松，如床头背景墙软包为粗麻材质，床头靠背软包为皮革材质。

2.4 预算成本控制

1.预算成本的内容

软装预算的制订关系着软装支出，一份合理的软装预算，能在软装中游刃有余，最重要的是能够省钱。预算的内容主要有以下几个方面：

（1）价格定位

软装物品品种繁多，同种类别的产品还有高、中、低档之分，材质、做工设计决定了其价值所在。以房产项目为例，配置什么档次的软装物品取决于以下几个方面：

1）客户客群定位。甲方会从楼盘的位置、资源、项目本身来大概确定整个硬装和软装的费用。位置较好、售价高，销售目标针对高层次人群的，甲方一般要求软装公司配置一些质量优、材质高级、设计有风格的高档产品；而位置比较偏远，客户定位不是太高端的楼盘，甲方一般会严格控制成本，这类设计主要侧重把握效果，材质上要控制成本，把价格降到合理的水平。

2）项目用途定位。一般来讲，项目的不同导致软装的配置侧重点也不同，住宅类样板间比较注重生活的舒适性和享受性；而办公类项目主要要求陈列物大气、简洁，具有艺术性，材质无需太过讲究。

预算
定位

←看上去奢华的软装陈设零售价格较高，因此选购渠道很重要，网购平台上能获得较好的价格，但是需要花时间去比较，如果预算有限，可以在保证重点饰品齐备的前提下，适当搭配一些低价产品，如地毯、抱枕、窗帘等。

图解小贴士

国内高端楼盘上海汤臣一品

　　汤臣一品是由汤臣集团有限公司开发的楼盘，位于上海市陆家嘴滨江大道旁，占地2万多平方米，总建筑面积达11.5万多平方米。根据克而瑞2017年上半年全国豪宅单价排行榜100名的榜单显示，汤臣一品大厦以单价23.76万/平方米，总价1.4亿位居全国第一。整个楼盘全部精装修，软装设计别具一格，堪称国内软装陈设设计典范。

↑高端别墅中的硬装和软装价格都较高，针对高层次人群的需求，搭配相应的设计风格。此图中的欧式家具、地毯、灯饰造型优美，质量上乘。

↑普通楼盘中的住宅，室内软装要控制成本，因此家具的质量可能会相对低一些，整体风格的效果也会有稍许不足，家具造型简单，软装风格相对简约。

↑好的样板房不单能更好地展示楼盘形象，更多是能更有效地促进销售，产生直接的经济效益。

↑办公楼软装设计不仅需要考虑到公司文化方面，还要考虑到不同功能型空间的划分，以及员工的工作环境。

（2）成本核算

　　软装公司的成本主要由以下几部分组成：

　　1）产品采购成本。软装物品的价格主要看品牌、材质、做工以及设计理念。同样一款产品，从外形上看可以非常接近，但因材质不同，价格会相差非常多，比如一个雕塑，如果用树脂材料制作然后电镀和完全采用不锈钢材质在外形上基本一样，视觉效果也差别不大，但其价格就完全不同；一个酒杯，普通玻璃材料几十元，但如果采用水晶材料可能要几千元。

↑日本手工烧制的晕染玻璃杯，具有浓烈的水墨风情，把艺术融入了生活，价格在80元以上。

↑奥地利水晶酒杯，杯杆中间彩色部分为彩色水晶，外面包裹透明水晶，价格在1300元以上。

2）产品研发成本。好的软装公司都有研发中心，为了把效果做到更好，不管是家具、布艺、画品等涉及的软装物品，都应尽可能地自己去设计研发，虽然从人员到研发材料是一笔不小的开支，但是自身拥有了这些知识产权，就是后期业绩增长的法宝，同时随着业务增长，成本单价也会逐步减少。我国的软装陈设由20年前的模仿国外产品到如今自主研发，已经完全成熟了。虽然产品中具有研发成本，但是产品的设计定位更符合国情。

↑隐形床最初起源于19世纪初，它一诞生就风靡了欧洲世界，因为它不仅给人们带来了更便捷的居家生活方式，也为美化空间、节约空间提供了更多可能。

↑隐形床收进去时变为普通的衣柜样式，放下时可作为床使用。现代大部分的隐形床需要独家定制，价格相对较高，大致在4000～15000元的范围。

3）产品的附加成本。在核算产品本身的基础成本后，一定不能忽略其中的附加成本，如税金、保证费、运费、安装费等。这些成本有所增加，但是也反映了产品是从正规渠道而来的，质量有保证，比起山寨产品甚至三无产品要更放心。

4）公司管理及运营成本。软装公司的成本中当然应该包含公司运营所产生的各种费用，需要每个公司根据自身的经验来确定比例。

←一般会收安装费用的都是实木家具。大品牌会直接将购买的产品送货上门，并且负责后续的安装。如果是餐厅中的家具进行安装的话，一套下来的安装费用是200元左右。客厅当中的家具比较多，一套下来的安装费用大约在300元左右。

（3）报价模板

一份全面的报价清单可以让客户一目了然应用到的产品，同时也便于明确双方的责任。一份报价单要包括封面、预算说明、材料核价单、项目汇总表、分项报价单等页面，预算完成后，合同书的编制就水到渠成了，当然在真正的项目开始实施后，变更联系单、验收单等也会成为完整合约的组成部分。

报价体系

1）材料核价单。核价单是指设计师根据软装方案细化的产品列表清单，这个表格内要详细注明使用部位、核定单价、申报单价、数量、单位、生产厂家、规格及型号，任何一个细节的缺失都有可能造成报价的不准确，而且会为此后各项步骤留下非常多的隐患。并且需要分别制作家具、灯具、壁纸、窗帘、床品、软包、地毯、画品、饰品等表格，原则是根据不同的供应商制作针对性的核价单，制作好以后就可以发给相应的合作商确定产品的底价。

材料核价单										
项目名称：			核价单编号：					日期： 年 月 日		
序号	材料名称	规格及型号	生产厂家	单位	数量	申报单价	核定单价	使用部位	备注	
1										
2										
3										

说明：以上材料所提供之数量为初步统计数量，与实际数量可能会有出入，仅作为参考。

2）分项报价单。经过分项核价后，基本上可以把各项目的成本价格核算清楚，剩下要做的是制作利润合理的分项报价单，分项报价单基本上是在材料核算单的基础上进行的。在编制单项报价清单的时候，要注意根据产品实际情况进行材质、颜色、尺寸、备注等项目的调整，一般这个时候的报价单上注明的一切都是作为软装机构对客户的承诺，所以要特别细致地做这部分工作，尤其要注意的是大件产品的运费一定要计入成本核算。

装饰画特征与估价参考			
序号	类　别	特　征	估　价
1	印刷品装饰画	装饰画市场的主打产品，是由出版商从画家的作品中选出优秀的作品，是限量出版的画作	（160～220）元/幅
2	实物装裱装饰画	新兴的装饰画画种，它以一些实物作为装裱内容	（350～430）元/幅
3	手绘装饰画	艺术价值很高，价格昂贵，具有收藏价值	（550～670）元/幅
4	油画装饰画	具有贵族气息的美术作品，属于纯手工制作，同时可根据消费者的需要临摹或创作，风格独特	（420～500）元/幅
5	木制画	以木头为原料，经过一定的程序胶黏而成	（220～270）元/幅
6	摄影画	主要为国外的翻拍作品，具有观赏性和时代感	（160～200）元/幅
7	丝绸画	采用毛线、细麻线等原料，纺织成色彩比较明亮的图案	（250～300）元/幅
8	编织画	艺术价值很高，价格昂贵，具有收藏价值	（550～670）元/幅
9	烙画	在木板上经高温烙制而成，色彩稍深于原木色	（650～1000）元/幅
10	动感画	装饰画新贵，以优美的图案、清亮的色彩、充满动感的效果赢得了众多消费者的青睐	（130～190）元/幅

3）项目汇总表。在各分项报价完成后就要制作一份由家具、壁纸、灯具、窗帘、床品、软包、地毯、画品、花品、饰品等各分项组成的报价汇总表。在这个报价汇总表中，可以很清楚地看到每个分项所需要花费的价钱和该分项占整个软装项目的比例，这样使得设计师和客户都能对项目的着重点有非常清晰的认知。同时在这个表格中必须明确各个注意事项和责任，其中供货周期也是必不可少的元素。清楚、明白是这个表格的最大价值。

软装部分预算清单							
品类	区域	产品	规格/材质	数量	单价/元	总价/元	是否已购买
家具	卧室	床·次卧	1.5m	1张	599	599	是
		床·主卧	1.8m	1张	4000	4000	是
		床垫	1.8m、1.5m/榻榻米	3张	2000	6000	否
		床头柜	主人房	1个	300	300	是
		椅子（书桌前）	木	1张	150	150	否
		梳妆台	木	1个	500	500	否
	客厅	沙发	布	1套	5000	5000	是
		灯	水晶玻璃	1组	300	300	是
		茶几	1.2m×0.6m×0.38m	1张	1000	1000	否
		地毯（茶几下）	1.6m×2.3m/羊毛	1张	160	160	否
		电视柜	1.2m	1组	1500	1500	否
		绿色植物	吊兰、芦荟、绿萝等	5盆	20	100	否
	餐厅	餐桌	130cm×80cm×74cm/木	1张	2800	2800	是
		灯	水晶玻璃	1组	300	300	是
		茶具	含6个杯、1个壶	1组	300	300	否
		餐具、骨碟	含10个碗、6个盘	1组	300	300	否
		筷子、勺子	含10双筷子、5个勺子	1组	150	150	否
	阳台	花架	木	1个	200	200	否
		升降衣架	不锈钢	1个	500	500	否

（续）

品类	区域	产品	规格/材质	数量	单价/元	总价/元	是否已购买
家具	厨房	橱柜	1.8m×0.6m×0.8m	1组	4300	4300	是
	卫生间	盥洗盆	陶瓷	1个	400	400	是
		坐便器	陶瓷	1个	800	800	是
		浴缸	陶瓷	1个	2100	2100	否

（4）合同文本

　　由于软装项目目前缺乏有效监管，也没有相关的政策法规，所以目前并没有专门的关于软装项目的合同文本。各种公司使用的文本，基本上是从硬装合同和产品采购合同两种文本演化而来的，但毕竟软装项目具有自己的特性，所涉及的内容是有别于硬装和采购的，所以一份有效的软装项目合同，是甲乙双方利益的有效保证。整套的软装合同需要包含：封面、软装项目设计任务书、整体软装配饰"意向协议书"、整体集成软装服务合同书、变更联系单、验收单等。

2.控制预算的方法

（1）严格控制大面积主材

　　以一楼为例，一楼一般比较潮湿，可以铺贴全瓷砖。800mm×800mm和600mm×600mm的砖，泥工贴砖费是最低的。所有的特色装饰都是要以费用来作为代价的，局部点缀可以，但大规模使用绝对是降低性价比、增加造价的错误选择。选择主材的方向是大众、大品牌、特价。大众指的是型号可能已经过气了或者虽然没特色但也不难看，这种型号竞争力较弱，购入成本可以压得较低。大品牌有质量和安全性的要求，用得放心，售后有保障。

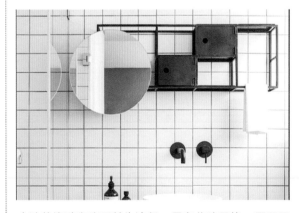

↑该款瓷砖在当下较为流行，具有北欧风格，用于卫生间的铺设，尺寸为300mm×600mm，价格为（8～10）元/片。

↑该款产品为仿大理石纹瓷砖，质量上乘，米黄色较为百搭，善于营造温馨舒适的氛围，尺寸为800mm×800mm，价格为（25～45）元/片。

（2）隐形的材料值得花费

花钱花在看不到的东西上，可能很多新手是无法理解的，但是装修的使用寿命就取决于这些看不到的东西上。比如选择马桶，核心不在于看它的款式和釉面，而是看它的抽水配件，好的抽水配件静音效果是很好的、使用寿命也长。浴室柜不要选择太廉价的，生锈、盆台掉落、下水器堵塞、管道漏水都是廉价浴室柜的结果，所以不要在浴室柜上省钱。优质的台面和柜体材料还会给卫生间颜值加分。五金是一个一定不能省钱的地方。花洒、龙头一定要质量过关，可以不选进口的，但是国产一线品牌还是需要的，因为换一个水龙头的成本代价远高过其本身，所以尽可能一次到位以免造成后期维修的困扰。

↑此款全自动智能马桶具有多项功能，如温度调控、脚踢冲水等，采用虹吸式抽水方式。承重70kg及以上，价格在2000～4000元范围内。

↑此款普通马桶满足基本使用功能，采用超漩式抽水方式，承重70kg及以上，价格在260～500元范围内。

↑此款浴室柜为橡胶木，雕花工艺，精铜龙头，为美式乡村风格。采用环保漆，台面类型为大理石。

←此款浴室柜为PVC板材质，现代简约风格，台面类型为一体陶瓷盆，价格在400～1400元范围内。

↑此款花洒为ABS树脂，不锈钢面板材质，具有增压功能，价格在30～60元范围内。

↑此款花洒套装为ABS工程塑料、精铜材质，具有双把双控等功能，价格在300～800元范围内。

↑此款龙头为黄铜材质，表面采用镀铬工艺，具有冷热水控制功能，价格在200～400元范围内。

（3）家具的选择

家具可划分成固定的和活动的，实际上固定家具和活动家具市面上也就两大类，板材和实木。固定家具，或木工或外面厂商定制，无论标榜什么环保级别，最终就是密度板、夹板、实木。密度板又称纤维板，多用于门板，它的胶水含量是最高的，在使用同样级别胶水情况下密度板肯定不如夹板环保。定制实木固定家具，属于比夹板更高一级了，环保毋庸置疑是最好的，唯一可能释放甲醛的是木面上的油漆。不过固定家具用实木，跟活动家具相比，有很多隐性收费。如果不能保证活动家具全部实木，则固定家具建议放弃实木。

选择
方法

↑此款衣柜为人造刨花板材质，开合方式为推拉滑移，属于经济型衣柜，单件价格在1000～2500元范围内。

↑此款衣柜为橡胶木材质，开合方式为平开，具有现代中式风格，单件价格在2000～4000元范围内。

第3章
软装风格与流派

识读难度：★★★★☆

核心概念：新中式风格、田园风格、简约风格、
欧式风格

章节导读：

软装的风格应在硬装风格讨论时一并解
决，如果空间的风格是现代简约，软装的搭
配风格当然不会是古典的；反之亦然。所以
软、硬装的风格一致性是最基本的规则。根
据各地的建筑风格和地域人文特点，软装风
格按照室内软装设计风格大类可以分为：地
中海风格、东南亚风格、美式风格、田园风
格、英式风格、新古典风格、西班牙风格、
现代风格、欧式风格、中式风格、日式风格
等。软装设计师根据各种风格的特点和元素
进行相关的软装设计。

3.1 新中式风格

1.设计手法

新中式风格是指将中国古典建筑元素提炼融合到现代人的生活和审美习惯中的一种装饰风格，其能够让传统元素更具有简练、大气、时尚的特点，让现代装饰更具有中国文化韵味。设计上采用现代的手法诠释中式风格，形式比较活泼，用色大胆，结构也不讲究中式风格的对称，家具更可以用除红木以外的更多的选择来混搭，字画可以选择抽象的装饰画，饰品也可以用东方元素的抽象概念作品。在软装配饰上，如果能以一种东方人的"留白"美学观念控制节奏，更能显出大家风范。

表现形式

2.常用元素

（1）常用元素

新中式风格的家具可为古典家具或现代家具与古典家具相结合。中国古典家具以明清家具为代表，在新中式风格家居中多以线条简练的明式家具为主，有时也会加入陶瓷鼓凳的装饰，实用的同时起到点睛作用。

↑深蓝色碎花桌布是该设计的点睛之笔，怀旧的情感随之被调动，整体的搭配色调较为朴素，白色与原木色烘托出淡雅的气氛。传统中式宫灯、砖墙、竹帘都是中式风格的典型要素。

←此款木质椅，既保留了中式传统圈椅的外形特征，又添加了现代家具的时尚原色——浅木色的应用减轻了中式风格色彩的浓重感。

→此款中式风格家具则完全保留了明清家具的特点，颜色与造型都极为复古。除此之外，还添加了陶瓷鼓凳，起到点睛的作用。

（2）抱枕

如果空间的中式元素比较多，抱枕一般选择简单、纯色的款式，通过正确把握色彩的挑选与搭配，突出中式韵味；当中式元素比较少时，可以赋予抱枕更多的中式元素，如花鸟、窗格图案等。

↑丝绸总是带着特有的东方韵味，纯色的抱枕，勒腰设计，为简单的造型增添了些许趣味。

↑此款抱枕采用大面积的纯色，但在颜色的选择上带有中式复古色调，搭配花鸟刺绣相得益彰。

（3）窗帘

窗帘定位

新中式的窗帘多为对称的设计，帘头比较简单，运用了一些拼接方法和特殊剪裁。可以选一些仿丝材质，就可以拥有真丝的质感、光泽和垂坠感，金色、银色的运用，还添加了时尚感，如果运用金色和红色作为陪衬，可表现出华贵和大气。除了图案色彩具有中式元素外，在材质上也要有所体现，如亚麻布、竹木、芦苇等材质都具有中式风格的特色。

↑此款窗帘设计灵感来自于中国传统建筑花窗，对其形象进行了提炼，重复排列的花纹应用于窗帘之上，华贵大气。

↑此款竹帘采用楠竹材质，具有浓厚的禅意，适合多种类型的窗户使用，遮光的同时还能欣赏美景，有一种朦胧美。

（4）屏风

新中式风格常常会用到屏风的元素，起到空间隔断的功能，一般用在面积较大的空间中，或沙发、椅子背上。

↑此款屏风做工精美，花纹采用中式传统符号，颜色上面选择黑色与金色搭配，凸显奢华感。

↑此款屏风为白蜡木材质，卯榫结构。图案为手绘花鸟，画芯采用乔其纱，具有半透明的装饰效果。

（5）饰品

新中式饰品区别于传统中式风格饰品，多以现代工业产品为主，而不同于传统中式风格中运用的手工饰品，展示陈列起来更随意些，可以随时更换。

除了传统的中式饰品，搭配现代风格的饰品或者富有其他民族神韵的饰品也会使新中式空间增加文化的对比。如以鸟笼、根雕等为主题的饰品，会给新中式环境融入大自然的想象，营造出休闲、雅致的古典韵味。

饰品
选用

↑这是一款陶瓷材质的台灯，山水图案散发出艺术的气息，精致细腻的陶瓷灯体，在光线的照射下，显得格外的有光泽。

↑此款鸟笼式的吊灯，大小不一，错落安置，符合中式风格的意境美，与整体氛围搭配融洽。

（6）花艺

新中式风格的花艺设计以"尊重自然、利用自然、融合自然"的自然观为基础，植物以选择枝杆修长、叶片飘逸、花小色淡的种类为主，如松、竹、梅、菊花、柳枝、牡丹、茶花、桂花、芭蕉、迎春、菖蒲、水葱、鸢尾等，创造出富有中国文化意境的花艺环境。

←中式花艺是东方花艺美学的鼻祖。美人在骨不在皮，这是东方美学推崇的审美观念。现代人对"禅"颇为痴迷，常常以瓶、盘、碗、缸、筒等作为花器，造景皆雅致十足。

↑中式花艺的色彩主调多为中性灰色，优雅温馨、自然脱俗，与中式的环境氛围极为契合，一般以三个主枝条为骨架，然后再在各个主枝的周围插辅助枝条来填补空间，最后的花型显得丰满、有层次感。

←传统中式花艺受儒、道、佛教思想的影响，认为万物皆有灵性，因而常根据其习性，把无语的花草，赋予人的感情和生命力，借用草木抒发人的意志、心情。花叶触及之处，满是长长的遐想与回味。中式花艺并不仅仅以表现禅意为中心，还有许多表现主题。例如，此图中所表现的喜庆、热烈的色彩，同样具有浓厚的中国风味。青花瓷与桃花枝、红灯笼与粉桃花互相辉映。

🪟 **图解**小贴士

新中式风格与中式风格的区别

中式风格，造型讲究对称，缺乏现代气息，比较在意的风格是壮丽华贵。新中式风格，讲究传统元素和现代元素的结合，比较在意的风格是清雅含蓄。新中式风格来自传统中式风格的现代设计理念，通过提取传统精华元素和生活符号进行合理的搭配、布局，在整体设计中既有中式传统韵味又更多地符合了现代人的生活特点，让古典与现代完美结合，传统与时尚并存。

3.2 地中海风格

1. 设计手法

地中海风格是公元9~11世纪起源于地中海沿岸的一种设计风格，它是海洋风格装修的典型代表，因富有浓郁的地中海人文风情和地域特征而得名，具有自由奔放、色彩多样明媚的特点。地中海风格通常将海洋元素应用到家居设计中，给人蔚蓝明快的舒适感。

风格
特征

↑唯美的弧线造型加上海蓝色的马赛克镶嵌装饰，给人一种现代明快的感觉。色彩选择了代表地中海风情的蔚蓝和纯白色。家具尽量采用了低彩度、线条简单且边角浑圆的木质家具，沙发及抱枕的布料采用了蓝白相间的条形图案，与整个居室的氛围相得益彰。

→地中海风格包括了希腊地中海风格、西班牙地中海风格、南意大利地中海风格、法国地中海风格、北非地中海风格。欧洲区域喜欢用白色、蓝色、紫色、黄色、绿色，非洲区域喜欢用黄色、红色和黑色，多从当地自然环境中提取。

由于地中海沿岸的房屋或家具的线条不是直来直去的，显得比较自然，因而无论是家具还是建筑，都形成一种独特的浑圆造型。拱门、半拱门窗、白灰泥墙是地中海风格的主要特色，常采用半穿凿或全穿凿来增强实用性和美观性，给人一种延伸的透视感。在材质上，一般选用自然的原木、天然的石材等。家具大多选择一些做旧风格的，搭配自然饰品，给人一种风吹日晒的感觉。

↑沿袭古罗马技术和拜占庭传统，拱券在地中海建筑中随处可见。拱形门只适合于层高较高的户型。小户型可以适当运用一些拱形的装饰，比如拱形的装饰墙面、卫生间拱形镜子等。

↑马赛克镶嵌、拼贴在地中海风格中算较为华丽的装饰，一般用马赛克、小石子、瓷砖、贝类等素材组合。在卫生间砌墙镶嵌马赛克变成了地中海风格的首选。

2.常用元素

（1）家具

家具最好是选择线条简单、圆润的造型，并且有一些弧度，材质上最好选择实木或藤类。

↑藤类家具大多弧度优美圆润，给人舒适的感觉，布艺搭配上首选清丽淡雅的颜色。

←实木家具与白漆的组合令人惊艳，清爽的感觉与地中海不谋而合，只需少许的绿植点缀便可。

（2）灯具

地中海风格灯具常见的特征之一是灯具的灯臂或者中柱部分常常会做擦漆做旧处理，这种处理方式除了让灯具拥有了类似欧式灯具的质感，还可展现出在地中海的碧海晴天之下被海风吹蚀的自然印迹。地中海风格灯具通常会配有白陶装饰部件或手工铁艺装饰部件，透露着一种纯正的乡村气息。地中海风格的台灯会在灯罩上运用多种色彩或呈现多种造型，壁灯在造型上往往会设计成地中海独有的美人鱼、船舱、贝壳等造型。

↑地中海风格的吊灯在造型上更有很多的创新之处，比较有代表性的是以风扇为造型的吊灯。

↑此款吊灯采用了铁艺元素与马赛克镶嵌结合的方法，颜色仍是蓝白结合，灯光下非常绚丽。

↑此款壁灯设计成了美人鱼的造型，在温暖的灯光下，美人鱼举着灯仿佛在为路人指明方向。

（3）布艺

窗帘、沙发布、餐布、床品等软装布艺一般以天然棉麻织物为首选，由于地中海风格也具有田园的气息，所以在使用的布艺面料上经常带有低彩度色调的小碎花、条纹或格子图案。

↑此款窗帘采用格纹图案设计，搭配精致的剪裁工艺，形成了弧线形的半帘之美，缔造出层次感的同时，也显得非常温柔。格纹作为经典的符号，低调、亲切又颇有家居感。

↑土黄色和红褐色是北非特有的沙漠、岩石、泥、沙等天然景观的颜色，给人一种大地般的浩瀚感觉。地中海风格沙发的线条具有一定弧度的，显得比较自然，形成一种独特的浑圆造型。

（4）绿植

绿色的盆栽是地中海不可或缺的一大元素，一些小巧可爱的盆栽让空间显得绿意盎然，就像在户外一般。餐桌上可以放些雏菊之类的植物，阳台上放绿萝、吊兰也不错。也可以在角落里安放一两盆富贵竹或散尾葵，或者是爬藤类的植物，如鱼尾葵等，就可制造出一大片的绿意。

适合地中海风格的绿植花卉

雏菊	绿萝	吊兰	散尾葵
鱼尾葵	满天星	洒金榕	巴西木
观音棕竹	小白果	含羞草	露珠玫瑰

图解小贴士

大地色系的地中海风格

石头、木头、水泥和粗糙墙面的"触觉感"，这种充满肌理感的大地色系统，和古希腊的住宅传统有关系。沿海地区的希腊居民最早就喜欢用灰泥涂抹墙面，然后开大窗，让地中海海风在室内流动，灰泥涂抹墙面带来的肌理感和自然风格，一直沿袭到了现在。"亮蓝+纯白"的配色并不是最贴切的地中海风格，使用更温柔与质朴的大地色系，才是最自然最真实的地中海风格。预算有余裕的可以把墙面刷出肌理感，地面甚至可以使用水泥自流平，如果保留顶棚板的梁不宜将其刷成蓝色，保留原来的木头感就非常好。

（5）饰品

地中海风格适合选择与海洋主题有关的各种饰品，如帆船模型、救生圈、水手结、贝壳工艺品、木雕上漆的海鸟和鱼类等，也包括独特的锻打铁艺工艺品，各种蜡架、钟表、相架和墙上挂件等。

→此类地中海系列手工摆件全为树脂材质，包含船锚、船舱和小船，色泽自然饱满，斑驳的油漆赋予产品复古风情，让人忍不住抚摸，价格在20~80元之间。

→此款地中海铁皮灯塔摆件，具备电子灯光效果，尺寸样式多样，价格在15~40元之间。

←唯美且拟人化的动物造型是古希腊建筑立柱和墙饰中常用的元素。

↑带有竖向棱廓的花瓶设计元素来源于古希腊神庙的立柱造型，是地中海风格的代表。

↑花瓶上点状造型来源于古希腊建筑围墙上的石块累积形象。

3.3 东南亚风格

1.设计手法

东南亚风格的特点是色泽鲜艳，崇尚手工，自然温馨中不失热情华丽，通过细节和软装来演绎原始自然的热带风情。相比其他设计风格，东南亚风格在发展中不断融合和吸收不同东南亚国家的特色，极具热带民族原始岛屿风情。

→大多数东南亚风格来源于东南亚国家传统的宫殿室内外装饰，充满了贵族奢华气息，这种风格运用到今天的普通家居要进行精简，在保持整体色调的基础上，要简化装饰造型。

↑东南亚风格有很多佛教的元素，像佛像、烛台、佛手这样的工艺品很容易见到。所以想要打造具有地道的东南亚风格特点的居室，这些装饰品必不可少，它会让家里又多了一丝热带风情。

↑大部分的东南亚家具采用木材、藤、竹等材料经混合编织而成。材料之间的宽、窄、深、浅，形成有趣的对比。古朴的藤艺家具、搭配葱郁的绿植，是常见的表现东南亚风格的手法。

↑香艳浓烈的色彩被运用在布艺家具上，如床帏处的帐幕、窗台的纱幔等。在营造出华美绚丽风格的同时，也增添了丝丝妖媚柔和的气息。

2.常用元素

（1）家具

泰国家具大都体积庞大、典雅古朴，极具异域风情。柚木制成的木雕家具是东南亚装饰风情中最为抢眼的部分。此外，东南亚装修风格具有浓郁的雨林自然风情，增加藤椅、竹椅一类的家具再合适不过了。

↑东南亚家具大多就地取材，印度尼西亚的藤以及泰国的木皮等纯天然的材质，在视觉感受上有泥土的质朴。原木的天然材料搭配，非但不会显得单调，反而会使气氛相当活跃。

→藤制品和竹制品是很常见的家具，将这两种材质的家具放在卧室里，可以让家散发出浓浓的自然风情，混合使用也是可取的。

（2）灯具

东南亚风格的灯饰大多就地取材，贝壳、椰壳、藤、枯树干等都是灯饰的制作材料。东南亚风格的灯饰造型具有明显的地域民族特征，如铜制的莲蓬灯，手工敲制出具有粗糙肌理的铜片吊灯，一些大象等动物造型的台灯等。

↑铜制的吊灯结合了风扇的功能，扇叶造型为芭蕉叶，极具肌理美感。

→造型奇异的落地灯，其青翠的绿色非常符合东南亚风格的特点。

（3）窗帘

东南亚风格的窗帘一般以自然色调为主，以完全饱和的酒红、墨绿、土褐色等最为常见。设计造型多反映民族的信仰，棉麻等自然材质为主的窗帘款式往往显得粗犷自然，还拥有舒适的手感和良好的透气性。

↑纱质的窗帘很好看，能够让人产生愉悦的心情，帘头的设计给人一点小惊喜，这种浅紫色色调的搭配，可以有效提升室内的亮度。

→枚红色系的布艺在东南亚风格中常常被用到，窗帘在阳光下散发出温馨浪漫的气息，结合床品的红褐色，藤制家具的自然感、氛围感非常强烈。

（4）抱枕

泰丝质地轻柔、色彩绚丽，富有特别的光泽，图案设计也富于变化，极具东方特色。用上好的泰丝制成抱枕，无论是置于椅上还是榻头，都彰显着高品位的格调。

↑几何图案与绸缎材质的结合，具有极简风格，墨绿色与紫色的组合，富有禅意。

↑菩提系列抱枕，仿麂皮绒面料，温润舒适。提花花边与橙色的结合，热烈真诚。

↑棉麻面料，咖啡色加上烫金红，浓烈的色彩，独特的纹理带有波西米亚的异域风情。

（5）纱幔

纱幔妩媚而飘逸，是东南亚风格家居不可或缺的装饰。可以随意在茶几上摆放一条色彩艳丽的绸缎纱幔，或是作为休闲区的软隔断，还可以在床架上用丝质的纱幔绾出一个大大的结，营造出异域风情。

↑闲适、自然，飘逸都跟纱幔相关，随意在床上摆放一条色彩艳丽的绸缎纱幔，让幔脚延伸到附着浅浅纹路的柚木地板，随意的皱褶带出点怀旧味道。

←暗红色与深金色纱幔组成的软隔断，具有浓厚的神秘色彩，沉稳中透露着贵气。

（6）饰品

东南亚风格饰品的形状和图案多和宗教、神话相关。芭蕉叶、大象、菩提树、佛手等是饰品的主要图案。饰品中间都会带有金色与古铜色，表现对财富的向往，同时也反映出热带地区特有的视觉审美倾向。

此外，一般在东南亚风格环境空间里面多少会看到一些造型独特的神、佛等金属或木雕的饰品。

↑东南亚风格的金箔画，大多与佛教内容有关，深色系列的装饰画给人古朴沧桑的感觉。

↑芭蕉叶制成的芭蕉扇，在室内装饰中有招财的寓意，许多人对其寄托了自己的美好期望。

↑镂空青花瓷碗是从中国传到东南亚地区的，造型与青花图案均表现出东南亚的地域风格。

↑扇面造型也是中国传统装饰元素，但是其中表现的莲花却带有东南亚的宗教风情。

↑深色木框与拼装木质底板漆画深刻表现出东南亚风格的装饰特征。

3.4 欧式风格

1.设计手法

欧式风格的特点是端庄典雅、华丽高贵、金碧辉煌，体现了欧洲各国传统文化内涵。欧式风格按不同的地域文化可分为北欧、简欧和传统欧式。它在形式上以浪漫主义为基础，装修材料常用大理石、多彩的织物、精美的地毯、精致的法国壁挂，整个风格豪华、富丽，充满强烈的动感效果。一般说到欧式风格，会给人以豪华、大气、奢侈的感觉，主要的特点是采用了罗马柱、壁炉、拱形或尖的拱顶、顶部灯盘或者壁画等具有欧洲传统风格的元素。欧式风格多用在别墅、会所和酒店的工程项目中。一般这类工程通过欧式风格来体现出一种高贵、奢华、大气等的感觉。

↓欧式风格并不是简单的堆砌，顶棚、壁炉、窗帘、钢琴的色彩具有统一性，视觉效果很完整。

↑欧式古典风格最大的特点就是有着传统欧式风格的古典与华丽，一般这类型的卧室色彩比较庄重，但是整体装饰也比较华丽，细节的地方十分考究。

↑北欧舒适风格，家具没有那么多欧式特征的凸显，更重要的是舒适。宜家的家具便是北欧风的代表。

↑欧式简约风格，相对来说色彩的明快感更加强烈，但是也带着欧式风格的传统烙印，那就是白色家具的使用以及特别注重家具的细节呈现。

2.常用元素

　　欧式风格中的绘画多以宗教内容为主。欧式风格的顶部灯盘造型常用藻井、拱顶、尖肋拱顶和穹顶。与中式风格的藻井方式不同的是，欧式的藻井顶棚有更丰富的阴角线。

→藻井式顶棚的前提是房间必须达到一定的高度，要高于2.85m，且房间较大。它的式样是在房间的四周进行局部吊顶，可设计成一层或两层。此处的穹顶显得房间更加高阔，气势辉煌。

🪟 图解小贴士

入户厅顶棚

　　入户厅顶棚一般有平板顶棚、异型顶棚、局部顶棚、格栅式顶棚、藻井式顶棚等五大类型。顶面做简单的平面造型处理，采用现代的灯饰灯具，配以精致的角线，也给人一种轻松自然的怡人风格。一个构思巧妙，适合房子特点的顶棚不但可以弥补房间的缺点，还可以给居室增加个性色彩。

　　丰富的墙面装饰线条或护墙板在现代的室内设计中，考虑更多的是经济造价因素，因而常用墙纸代替，带有复古纹样色彩的墙纸是欧式风格中不可或缺的材料。

↑欧式墙纸经常以白色系或黄色系为基础，搭配墨绿色、深棕色、金色等，表现出欧式风格的华贵气质。此处黄色系的花纹墙纸打造了温馨的卧室空间。

↑此款墙纸表面增加了立体花纹，纹理清晰，色泽柔和，显得非常有质感。每卷规格为0.53m×9.5m，价格在40~60元范围内。

　　地面一般采用波打线及拼花进行丰富或美化，也常用实木地板拼花的方式。一般都采用小几何尺寸块料进行拼接。木材常用胡桃木、樱桃木以及榉木为原料，石材常用的有爵士白、深啡网、浅啡网、西班牙米黄等。

　　欧式沙发的特点是线条结构流畅，工艺精巧细致，整体看起来尊贵又不失浪漫，而且很有情调。欧式沙发需要搭配具有同样特色的装饰，才能提升特有的文化内涵和历史底蕴。欧式沙发的搭配首先要和装饰环境相匹配，其次需要考虑到周围家具的颜色，色差不宜过大，最好是一个色系或者有一个缓和的过度，这样才能保证欧式沙发与家居环境的整体风格一致。

设计
细节

↑除了瓷砖，其实大理石更加符合欧式风格的大气，此处的大理石花纹，浑然一体，别具一格。

↑整套卧室家具，材质为橡木，表面涂漆添加光泽感，雕花工艺增添了艺术感，大气端庄。

↑古典韵味浓重的欧式沙发搭配原木色调，看起来质朴又带点复古意味。另外还可以选择搭配一款古典的地毯，更显欧式风尚。

↑如果客厅色调较暗，那就应该用明亮的颜色来补充，这样就可以打破空间视觉效果上的沉闷。

欧式风格的装饰细节多以人物、风景、油画为主，以石膏、古铜、大理石等雕工精致的雕塑为辅。而具有历史沉淀感的仿古钟、精致的台灯，都可以把空间点缀得无比清逸，将质感和品位完美地融合在一起，凸显出古典欧式雍容大气的家具效果。欧式风格整体在材料选择、施工、配饰方面上的投入比较多，多为同一档次其他风格的数倍以上，所以更适合在较大别墅、宅院中运用，而不适合较小户型。

↑水晶吊灯

↑铜制相框

↑抽象油画

↑人物雕刻摆件

↑花瓶花艺

↑水果托盘

3.5 日式风格

1.设计手法

日式风格又称和式风格，这种风格的特点是适用于面积较小的空间，其装饰简洁、淡雅。一个略高于地面的榻榻米平台，配上日式矮桌，草席地毯，布艺或皮艺的轻质坐垫，纸糊的日式移门等，都是这种风格重要的组成要素。日式风格中没有很多的装饰物来装点细节，所以使整个空间显得格外的干净利索。它一般采用清晰的线条，使居室的布置给人以优雅、清洁的感觉，并有较强的几何立体感。日式风格特别能与大自然融为一体，借用外在自然景色，为设计带来无限生机。

2.常用元素

在空间布局上，讲究空间的流动与分隔，流动则为一室，分隔则分几个功能空间，空间中总能让人静静地思考，禅意无穷。在材质运用方面，传统的日式风格将自然界的材质大量运用于装修、装饰中，不推崇豪华奢侈、金碧辉煌，以淡雅节制、深邃禅意为境界，重视实际功能。

↑客厅选用了一款质感舒适的沙发，颜色为浅灰色，与木质的搭配非常巧妙。沙发背后的墙面用了一款比较特别的挂饰来修饰整个空间，显得自然风趣。

↑顶棚进行了木纹处理，与家具地板相呼应，增强了整体风格的统一性。

↑随着佛教以及唐代建筑的发展，形成一种特有的日系风，给人一种与自然相融合的静谧感，打造清新自然、禅意无穷的低调生活。

传统的日式家具以清新自然、简洁淡雅的品位为主，形成了独特的家具风格。在选用材料上也特别注重自然质感，营造出闲适写意、悠然自得的生活境界。

↑墙面用木板在边角处遮盖了缝隙，根据房屋的走向，灵活运用，显得规整平和。

↑日式风格所用的实木木材一般为浅色，桌上的桌旗，颜色淡雅，编织的灯具非常自然。

在日本的住所中，客厅、餐厅等对外部分是使用沙发、椅子等现代家具的洋室，卧室等对内部分则是使用榻榻米、灰砂墙、杉板、糊纸格子拉门等传统家具的和室，这些是日式风格中最常用的软装表现形式。

↑榻榻米是日式家装中必不可少的家居装饰。在传统的日式建筑中，甚至把整个客厅都打造成榻榻米，休息、待客都非常实用且方便。

↑传统的原木色日式格子门，透露着原汁原味的日式风潮。整个空间仿佛散发着阵阵原木的清香，不觉令人心境也跟着平和起来。

 图解小贴士

日式家具和日本家具

　　日式家具和日本家具是两个不同的范畴，日式家具只是指日本传统家具，而日本家具无疑还包括非常重要的日本现代家具。传统日式家具的形制，与古代中国文化有着莫大的关系。而现代日本家具的产生，则完全是受欧美国家熏陶的结果。日本学习并接受了中国初唐低床矮案的生活方式后，一直保留至今，形成了独特完整的体制。之后，西式家具伴随着西式建筑和装饰工艺强势登陆日本，但传统家具并没有消亡。时至今日，西式家具在日本仍然占据主流。

3.6 田园风格

1.设计手法

田园风格最初出现于20世纪中期，泛指在欧洲农业社会时期已经存在数百年历史的乡村家居风格，以及美洲殖民时期各种乡村农舍风格。田园风格并不专指某一特定时期或者区域。它可以如乡村生活般朴实而又真诚，也可以是贵族在乡间别墅里的世外桃源。

风格
起源

←铁艺楼梯搭配木质台阶，姜黄色的墙壁，颜色淡雅的躺椅，墙角的植物与墙面摇曳的花朵，构成了一幅闲适的田园风画面。小庭院的田园风格最重要的便是花艺的搭配了，要灵活运用，不可过多过于浓重，也不可过少过于寡淡。

↑仿古砖是田园风格地面材料的首选，自然的质感让人觉得它朴实无华，可以打造出一种淡淡的清新之感。

↑铁艺可以做成不同的形状，或为花架，或为枝蔓，能够让乡村的风情更本质。

↑铁艺风格的墙纸大多运用砖纹、碎花、藤蔓等图案，或者直接运用手绘墙，也是田园风格的一个特色表现。

↑此款墙纸为纸面，图案为花枝，颜色为浅绿色，古典气息浓厚，每卷尺寸为5m²，价格在20～50元范围内。

2.常用元素

（1）家具

田园风格在布艺沙发的选择上可以选用小碎花、小方格等一类图案，色彩上粉嫩、清新，以体现田园大自然的舒适宁静。再搭配质感天然、坚韧的藤质桌椅、储物柜等简单实用的家具，让田园风情扑面而来。

↑布艺小碎花沙发以浅绿色为背景，搭配同样形式的小抱枕，非常可爱清新。

←储物柜为杉木材质，做旧处理，凸显了复古情怀，线条简洁，散发着浓郁的田园气息。

（2）桌布

亚麻材质的布艺是体现田园风格的重要元素，在台面或桌子上面铺上亚麻材质的精致桌布，上面再摆上小盆栽，立即散发出浓郁的大自然田园风情。

↑桌布为棉麻材质，颜色黑白相间，流苏垂坠感强，采用经典格子图案搭配，简约素雅。

↑米色作为桌布背景色，褐色小碎花点缀其间，非常活泼，蕾丝边的搭配增添了质感。

↑粉红色格子桌布，加上枚红色荷叶边，非常具有少女气息，仿佛回到了纯真的年代。

（3）窗帘

各种风格无论美式田园、英式田园、韩式田园、法式田园、中式田园均可拥有共同的窗帘特点，即由自然色和图案合成窗帘的主体，而款式以简约为主。窗帘中主要图案为碎小的花卉和其他植物，花卉造型以写实为主，具有一定的装饰效果，色彩以绿色或蓝色为基调，窗帘整体造型简洁，造型不多。

↑英式田园风格窗帘

↑美式田园风格窗帘

↑韩式田园风格窗帘

（4）床品

田园风格床品同窗帘一样，都由自然色和自然元素图案的布料制作而成，而款式则以简约为主，尽量不要有过多的装饰。床品图案与造型更加简洁，以浅色、白色居多，会有一些边缘修饰，如皱褶、缝合等，但仅仅是细节处才出现，不影响整体简洁的装饰效果。

床品
造型

←韩式田园风格床品，采用贡缎制造工艺，海岛棉材质，柔软舒适。蓝白相间的颜色搭配，非常清爽，显得干净整洁。表面采用刺绣工艺，花纹大方优雅，凸显床品的质感。

（5）花艺

较男性风格的植物不太适合田园风情，一般选择满天星、熏衣草、玫瑰等有芬芳香味的植物装点氛围。同时可以将一些干燥的花瓣和香料穿插在透明玻璃瓶甚至古朴的陶罐里。

←松虫果斜倚在棕色玻璃瓶里，花朵颜色淡雅，可搭配木制家具，有些中式田园的味道。

→红色的玫瑰与白色的玫瑰给予了热烈的视觉效果，搭配铁艺壁挂，美式乡村风味。

（6）餐具

田园风格的餐具与布艺类似，多以花卉、格子等图案为主，也有纯色但本身在工艺上镶有花边或凹凸纹样的，其中骨瓷因为质地细腻光洁而深受推崇。

←美式田园风格的餐具具有简洁淡雅的特色，各类的盘子没有过多的修饰。

→日式的餐厅餐具追求与自然融合，在色调与制作上均符合田园色彩。樱花是其常用图案，淡粉色的樱花与天蓝色的底色融汇自然。

3.7 新古典主义风格

1.设计手法

新古典主义风格传承了古典风格的文化底蕴、历史美感及艺术气息，同时将繁复的空间装饰凝练得更为简洁精雅，为硬而直的线条配上温婉雅致的软性装饰，将古典美注入简洁实用的现代设计中，使得空间装饰更有灵性。古典主义在材质上一般会采用传统木制材质，用金粉描绘各个细节，运用艳丽大方的色彩，注重线条的搭配以及线条之间的比例关系，令人强烈地感受到传统痕迹与浑厚的文化底蕴，但同时摒弃了过往古典主义复杂的肌理和装饰。

新古典主义风格常用材料包括浮雕线板与饰板、水晶灯、彩色镜面与明镜、古典墙纸、层次造型顶棚、罗马柱等。墙面上减掉了复杂的欧式护墙板，使用石膏线勾勒出线框，把护墙板的形式简化到极致。地面经常采用石材拼花，用石材天然的纹理和自然的色彩来修饰人工的痕迹，使奢华和品位的气质毫无保留地流淌。

←用现代的材质工艺来诠释古典风格韵味，白色的顶棚和墙面，在具有自然纹路的深色地砖映衬下更显亮丽。新古典主义风格中的软装家具是重点，白色高光漆与铜质结合的边几，玻璃与铜质结合的隔断，凸显出新古典主义风格。

2.常用元素

（1）家具

新古典主义风格家具摒弃了古典家具过于复杂的装饰，简化了线条。它虽有古典家具的曲线和曲面，但少了古典家具的雕花，又多用现代家具的直线条。新古典的家具类型主要有实木雕花、亮光烤漆、贴金箔或银箔、绒布面料等。

↑暗红色的床头与床尾相呼应，绒布面料与曲线诠释了古典元素，简洁的造型又蕴含了现代的时尚潮流。

↑桌椅的造型仍具备曲线的古典美，亮面烤漆的工艺方法，增添了家具的现代感，整体结构抛弃了以往的累赘雕花设计。

（2）灯具

灯具的选择易以华丽、璀璨的材质为主，如水晶、亮铜等，再加上暖色的光源，达到冷暖相衬的奢华感。

↑水晶吊灯做工精美，层叠的灯头、摇曳的吊坠都彰显了屋主的个人品位，淡粉色的灯罩增添了灯具的韵味。

↑亮铜材质的灯具，辅以暖色灯光，不失典雅又兼具时尚感。

（3）布艺

色调淡雅、纹理丰富、质感舒适的纯麻、精棉、真丝、绒布等天然华贵面料都是新古典主义风格家居必然之选。窗帘可以选择香槟银、浅咖啡色等，以绒布面料为主，同时在款式上应尽量考虑加双层。

↑绒布的肌理，天然具有一种古典美，浅褐色的窗帘，搭配造型精美的帘头，华贵典雅。

↑深蓝色的绒布被套，错落压印着格子图案，成为卧室的点睛之笔，现代感与古典美完美搭配。

（4）绿植花艺

新古典主义风格中的花艺设计为传统的西方规则式，以几何体形的美学原则为基础，追求一种纯净色的、人工雕琢的盛装美。 新古典主义风格空间的花艺也像其空间布局一样，讲究对称美，这种对称不但不会给人单调死板的印象，反而给人平稳、端庄的感觉，在花艺形式上多采用几何对称的布局，有明确的贯穿轴线与对称关系。

花艺
设计

→花艺作为新古典主义风格软装空间里不可少的点缀之一，代表着生命与热情。其花器的选择和花艺的主调色彩都必须与环境空间主调一致。
↓新古典主义风格的家居十分注重室内绿化，盛开的花篮、精致的盆景、匍匐的藤蔓可以增加亲和力。

（5）饰品

几幅具有艺术气息的油画，复古的金属色画框、古典样式的烛台、剔透的水晶制品、精致的银或陶瓷的餐具，包括老式的挂钟、电话和古董，都能为新古典主义风格的怀旧气氛增色不少。

↑银制装饰品与复古摆件结合的钢结构小茶几，红色的大朵花艺点缀，既现代又复古。

↑深咖色的绒布沙发，线条优美，黑色大理石桌面与水晶吊灯互相辉映，怀旧气氛浓厚。

图解小贴士

新古典主义风格的起源

新古典主义风格是在传统美学的规范之下，运用现代的材质及工艺，去演绎传统文化中的经典，不仅拥有典雅、端庄的气质，且具有明显的时代特征。新古典主义风格作为一个独立的流派名称，最早出现于18世纪中叶欧洲的建筑装饰设计界。它的精华来自古典主义，但不是仿古，更不是复古，而是追求神似。新古典设计讲求的风格是用简化的手法、现代的材料和加工技术去追求传统样式的大致轮廓特点，注重装饰效果，用陈设品来增强历史文脉特色。

3.8 现代简约风格

1.设计手法

现代简约风格是从20世纪80年代中期对复古风潮的叛逆和极简美学的基础上发展起来的，20世纪90年代初期，开始融入室内设计领域。以简洁的表现形式来满足人们对空间环境那种感性的、本能的和理性的需求，这就是现代简约风格。现代简约风格强调少即是多，舍弃不必要的装饰元素，将设计的元素、色彩、照明、原材料简化到最少的程度。现代简约风格在硬装的选材上不再局限于石材、木材、面砖等天然材料，而是将选择范围扩大到金属、涂料、玻璃、塑料以及合成材料，并且加强材料之间的结构关系。装修简便、花费较少却能取得理想装饰效果的现代简约风格是当今流行趋势，这类风格对空间的要求不高，一般为中小户型公寓、平层住宅或办公楼均可。

→纯粹的现代简约风格是以北欧风格为基础进而演变的，软装饰品的造型简洁到没有任何修饰，仅通过深浅对比强烈的色彩与木纹材质来表现风格的存在。

←床上用品深浅对比强烈，特别醒目，装饰画多以抽象的图案为主。

←装饰品使用得不多，但每个装饰品都非常独特、精致，造型简单、有个性。在墙面、顶棚占据视觉比重较大的空间留白，减少了视觉负担。利用黑白组合，搭配出个性的装修。空间的划分并没有隔墙，而是采用隔断的形式，这样的空间划分方法更具灵活性、兼容性和流动性。

2.常用元素

（1）家具

现代简约风格的家具通常线条简单，沙发、床、桌子一般都为直线，不带太多曲线，造型简洁，强调功能，富含设计或哲学意味，但不夸张。

简约家具

↑木质沙发，采用棉麻材质，冰湖蓝色显得格外清爽。根据尺寸的不同，一套价格在1500～5000元范围内。

↑人造板工艺沙发，造型创意取自鹅卵石，高低错落的靠背宛如山峦的起伏，糖果色的应用，简约中不失童趣。根据组合产品的不同，一套价格在3000～6000元范围内。

↑大理石与金色钢艺结合，镂空的桌腿造型，降低了大理石带来的厚重感，搭配不同风格的花艺，风格多变。据尺寸不同，价格在900~1000元范围内。

↑玻璃与钢结构组合，黑色线条充满空间感，将简约发挥到极致，但功能却并未因此受限，家居空间因此变得灵动幽美，据尺寸不同，价格在600~1000元范围内。

（2）布艺

现代简约风格不宜选择花纹过重或是颜色过深的布艺，通常比较适合的是一些浅色并且简单大方的图形和线条作为修饰的类型，这样显得更有线条感。

↑棉麻纯色桌布，本身就具备简约风格，黑灰色的应用更加增添了氛围感。

←纯白色的窗帘搭配浅灰色的床品，整体风格淡雅娴静，窗帘的褶皱增添了线条感。

（3）灯具

金属是工业化社会的产物，也是体现现代简约风格最有力的手段，各种不同造型的金属灯，都是现代简约风格的代表元素。

↑镂空的麦克风灯罩散发出温暖的光晕，金属色系极具现代感，价格在500元左右。

↑曲线s形设计的床头灯，创意感极强，灯体为铝制，比较牢固，价格在200元左右。

↑风车造型吸顶灯，铁艺灯罩结合实木灯体，颜色简单，价格在250～500元范围内。

（4）装饰画

装饰挂画

现代简约风格可以选择抽象图案或者几何图案的挂画，三联画的形式是一个不错的选择。装饰画的颜色和空间的主体颜色相同或接近比较好，颜色不能太复杂，也可以根据喜好选择搭配黑白灰系列、线条流畅、具有空间感的平面画。

装饰画的主题一般是摄影作品或经过简约修饰的装饰绘画，组合画框居多，成组挂墙能占据较大面积，对室内空白墙面的装饰效果特别好。

↑寥寥数笔便勾勒出人物的喜怒哀乐，极简的线条之美，画中表现得淋漓尽致，价格在100～250元范围内。

↑灰色鹅卵石被裁剪成三幅画，空间的延续性并未受到影响，反而引人注目，价格在200～500元范围内。

↑采用喷绘工艺的立体装饰画，金色的花朵造型精致优雅，具有轻奢风格，价格在120～350元范围内。

（5）花艺

现代简约风格空间大多选择线条简约，装饰柔美、雅致或苍劲有节奏感的花艺。线条简单呈几何图形的花器是花艺设计造型的首选。色彩以单一色系为主，可高明度、高彩度，但不能太夸张，银、白、灰都是不错的选择。

↑不规则陶瓷花器，多面立体，层次感强。其大理石纹路错落交织，韵味十足。手工打磨的肌理效果，兼具情怀与品质。既能当摆件又能当花器，可搭配绿色阔叶植物。

↑具有磨砂效果的玻璃，复古做旧效果的金属环带，纯粹简约的黑金配色，张弛有度。

↑蓝色玻璃花瓶采用不规则的小口设计，与瓶身形成巨大反差，可搭配一枝红色枫叶。

（6）饰品

现代简约风格饰品数量不宜太多，摆件饰品则多采用以金属、玻璃或瓷器材质为主的现代风格工艺品。这些饰品以批量生产的工业产品为主，虽然带有一些古典元素，但是简洁的造型依然是主流。

饰品
形态

↑镜子为几何造型，圆润优雅又棱角分明。黑白与浅铜金色，简约大方、时尚又不失经典，让居室空间瞬间提升品质。

↑玻璃与金属材质结合的挂钟，表盘周围做旧处理，复古风情稍许点缀。优雅的蓝色，清新简洁，营造一种浪漫的空间氛围。

↑优雅、浪漫成就了火烈鸟在家居装饰中的地位，粉色清新灵动，增添了家居空间的趣味，造型优美别致，让人忍不住想抚摸。

第4章
软装色彩搭配

识读难度：★ ★ ★ ★ ☆

核心概念：属性、角色、寓意、配色方案

章节导读：

在环境空间设计中不仅要考虑各种色彩效果给空间塑造带来的限制性，同时更应该充分考虑运用色彩的特性来丰富空间的视觉效果。运用色彩不同的明度、彩度与色相变化来有意识地营造或明亮，或沉静，或热烈，或严肃的不同风格的空间效果。世界上没有不好的色彩，只有不恰当的色彩组合。配色要遵循色彩的基本原理。符合规律的色彩才能打动人心，并给人留下深刻的印象。了解色相、明度、纯度、色调等色彩的属性，是掌握这些原理的第一步。通过对色彩属性的调整，整体配色印象也会发生改变。改变其中某一个因素，都会直接影响整体的效果。

4.1 色彩设计基本知识

1.色彩的属性

（1）色相

色相即色彩的相貌和特征，决定了颜色的本质。自然界中色彩的种类很多，如红、橙、黄、绿、青、蓝、紫等，颜色的种类变化就叫色相。一般使用的色相环是12色相环。

在色相环上相对的颜色组合称为对比型，如红色与绿色的组合；靠近的颜色称为相似型，如红色与紫色或者与橙色的组合；只用相同色相的配色称为同相型，如红色可通过混入不同分量的白色、黑色或灰色，形成同色相、不同色调的同相型色彩搭配。

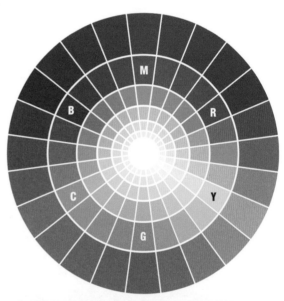

→色相包括红色、橙色、黄色、绿色、蓝色、紫色六个种类。其中暖色包括红色、橙色、黄色等，给人温暖、有活力的感觉；冷色包括蓝绿色、蓝色、蓝紫色等，让人有清爽、冷静的感觉；而绿色、紫色则属于冷暖平衡的中性色。

↑相似型配色，青碧色＋驼色，冷暖平衡，给人一种温馨的感觉，沙发与装饰画搭配巧妙。

↑对比型配色，橘黄色＋黑色，灯光的应用增添了温暖的气氛，厚重的沙发给人踏实的感觉。

（2）明度

明度指色彩的亮度。颜色有深浅、明暗的变化。例如，深黄、中黄、淡黄、柠檬黄等黄颜色在明度上就不一样，紫红、深红、玫瑰红、大红、朱红、橘红等红颜色在亮度上也不尽相同。这些颜色在明暗、深浅上的不同变化，也就是色彩的明度变化特征。在任何色彩中添加白色，其明度都会升高；添加黑色，其明度会降低。在一个色彩组合中，如果色彩之间的明度差异大，可以达到时尚活力的效果；如果明度差异小，则能达到稳重优雅的效果。

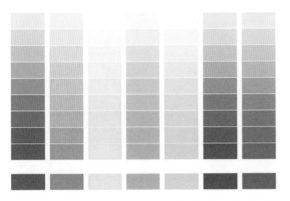

↑色彩的明度变化表，色彩中最亮的颜色是白色，最暗的是黑色，其间是灰色。

↑色彩之间的明度差异较大，如橙色、橘红色、露草色等，具有时尚活力的效果。

（3）纯度

纯度指色彩的鲜艳程度，也称饱和度。原色是纯度最高的色彩。颜色混合的次数越多，纯度越低；反之，纯度越高。原色中混入补色，纯度会立即降低、变灰。纯度最低的色彩是黑、白、灰这样的无彩色。纯色因不含任何杂色，饱和或纯粹度最高，因此，任何颜色的纯色均为该色系中纯度最高的。

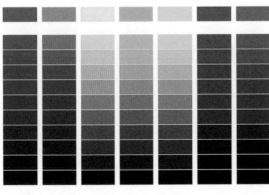

↑色彩的纯度变化表，纯度高的色彩，给人鲜艳的感觉；纯度低的色彩，给人素雅的感觉。

↑浅抹茶色的墙面与箬竹色的花瓶呼应，营造了淡雅的背景，黑茶色家具非常素雅。

（4）色调

色调是指一幅作品色彩外观的基本倾向，泛指大体的色彩效果。一幅绘画作品虽然用了多种颜色，但总体有一种倾向，是偏蓝或偏红，是偏暖或偏冷等。这种颜色上的倾向就是一幅绘画的色调。通常可以从色相、明度、冷暖、纯度四个方面来定义一幅作品的色调。软装中的色调可以借助灯光设计来满足不同需求的总体倾向，营造设计要求的情景氛围。

↑桦茶色的橱柜、枯茶色的餐桌、土色的百叶窗、鹅黄色的墙面瓷砖，整体为暖色调、黄色系。

↑灰白色的墙面、象牙色的柜子、纯色地毯、薄墨色沙发，整体为冷色调、灰色系。

2.色彩的角色

（1）主体色

主体色主要是由大型家具或一些大型空间陈设、装饰织物所形成的中等面积的色块。它是配色的中心色，搭配其他颜色通常以此为主。客厅的沙发、餐厅的餐桌等就属于其对应空间里的主体色。主体色的选择通常有两种方式：要产生鲜明、生动的效果，则应选择与背景色或者配角色呈对比的色彩；要整体协调、稳重，则应选择与背景色、配角色相近的同相色或类似色。

→整体给人的感觉便是清新，如山间绿草上的晨露。主体色为绿色，包括松叶色的窗帘、若草色的墙面、青竹色的床、柳色的沙发。白色作为点缀，中和视觉疲劳。

（2）配角色

配角色视觉的重要性和体积次于主体色，常用于陪衬主体色，使主体色更加突出，通常是体积较小的家具。例如短沙发、椅子、茶几、床头柜等。合理的配角色能够使空间产生动感，活力倍增。常与主体色保持一定的色彩差异，既能突出主体色，又能丰富空间。但是配角色的面积不能过大，否则就会压过主体色。

↑青蓝色的沙发为主体色，为避免厚重，使用薄红梅色的花瓶、蔷薇色和米白色的抱枕作配角来中和。

↑白色的墙面与床为主体色，为避免乏味，使用青绿色的毯子与新桥色的抱枕作配角来搭配。

（3）背景色

背景色通常指墙面、地面、顶棚、门窗以及地毯等大面积的界面色彩。背景色由于其绝对的面积优势，支配着整个空间的效果。而墙面因为处在视线的水平方向上，对效果的影响最大，往往是环境配色首先关注的地方。可以根据想要营造的空间氛围来选择背景色，想要打造自然、田园的效果，应该选用柔和的色调；如果想要活跃、热烈的印象，则应该选择艳丽的背景色。

↑灰白色的墙面作为背景色，显得沉稳低调。相应的家具配饰也选择了同一色系，如咖啡色餐桌、褐色隔断等。

↑千草色的墙面作为背景色，显得亮丽柔和。床品选择与之相应的水色、深咖色家具作为点缀。

（4）点缀色

点缀色是那种最易于变化的小面积色彩，比如靠垫、灯具、织物、植物、摆设品等。一般会选用高纯度的对比色，用来打破单调的整体效果。虽然点缀色的面积不大，但是在空间里却具有很强的表现力。

↑青蓝色与姜黄色的抱枕作为白色沙发的点缀，金茶色的休闲椅与之呼应，增添了活泼的感觉。

↑宝石蓝的抱枕作为灰白色沙发的点缀，与同一色系的装饰画相呼应，非常和谐。

3.色彩的寓意

色彩不仅使人产生冷暖、轻重、远近、明暗的感觉，而且会引起人们的诸多联想。不同的色彩会令人产生不同的心理感知。一般层面上，每种色彩会给人不同的心理感受和反应，反应的不同可能与个人的喜好有关，也可能与文化背景有关。

色彩感觉

（1）清爽宜人的蓝色

蓝色象征着永恒，是一种纯净的色彩。每每提到蓝色总会让人联想到海洋、天空、水以及浩瀚的宇宙。蓝色在家居装饰中常常是以地中海风情的设计体现。

←整体风格偏向新古典主义风格。采用了大面积的深蓝色，让人感受到幽静深远。整体颜色较为厚重，深色系较多，与古典风格的厚重文艺风相匹配。

（2）清新自然的绿色

绿色是自然界中最常见的颜色。绿色是生命的原色，象征着平静与安全，通常被用来表示生命以及生长，代表了健康、活力和对美好未来的追求。绿色的魅力就在于它显示了大自然的灵感，能让人类在紧张的生活中得以释放。

↑深绿色的墙面，搭配芥子色的瓷砖，有一种静静的深沉之美，简约而不失内涵。

↑浅绿色的墙面非常清新，搭配深绿色的装饰画，白绿相间的窗帘，营造出生机盎然的感觉。

（3）热烈奔放的红色

红色在所有色系中是最热烈、最积极向上的一种颜色。在中国人的眼中红色代表着醒目、重要、喜庆、吉祥、热情、奔放、激情、斗志。酒红色的醇厚与尊贵给人一种雍容的气度和豪华的感觉，为一些追求华贵的人所偏爱；玫瑰色格调高雅，传达的是一种浪漫情怀，所以这种色彩为大多数女性们所喜爱；粉红色给人以温暖、放松的感觉，适宜在卧室或儿童房里使用。但是居室内红色过多会让眼睛负担过重，产生头晕目眩的感觉。

←红绯色装饰了墙面的上半部分，为避免视觉疲劳，下半部分采用白色的瓷砖来中和，给人一种热情满满的感觉。

↓绯色的墙面与顶棚，加上暖黄色的灯光，营造了一种温馨的感觉，能让人扫除一天的疲惫。红色的方形抱枕更深化了主题。

（4）欢乐明快的橙色

橙色是红黄两色结合产生的一种颜色，因此，橙色也具有两种颜色的象征含义。橙色是一个欢快而运动的颜色，具有明亮、华丽、健康、兴奋、温暖、欢乐、辉煌，以及容易动人的色感。

←整体风格偏向欧式风格。橙色的墙面及瓷砖，给人洋洋暖意，非常舒适。此外，加上玫红色沙发的点缀，具有个性又不会唐突。

（5）充满活力的黄色

黄色是三原色之一，给人轻快、充满希望和活力的感觉。黄色总是与金色、太阳、启迪等事物联系在一起。许多春天开放的花都是黄色的，因此黄色也象征新生。水果黄带着温柔的特性，牛油黄散发着一股原动力，而金黄色又带来温暖。

→此处的黄色主要靠暖色灯光来营造，大型的吸顶灯洒下暖暖的"阳光"，灯下绿植正在茁壮成长。

↓向日葵色的墙面非常温馨与床头的秋季丰收画面契合自然，搭配米白色的床品和沙发刚刚好。

（6）神秘浪漫的紫色

紫色是由温暖的红色和冷静的蓝色混合而成，是极佳的刺激色。紫色永远是浪漫、梦幻、神秘、优雅、高贵的代名词，它独特的魅力、典雅的气质吸引了无数人的目光。与紫色相近的是蓝色和红色，一般浅紫色搭配纯白色、米黄色、象牙白色；深紫色搭配黑色、藏青色会显得比较稳重，有精干感。

←整体风格偏向东南亚风情。灭紫色的房顶，营造深沉的氛围。藤紫色的床品与菖蒲色的抱枕，颜色深浅适中，整体色系非常和谐，与深蓝色的床帘搭配浑然一体。

（7）富丽堂皇的金色

金色熠熠生辉，显现了大胆和张扬的个性，在简洁的白色衬映下，视觉会很干净。但金色是较容易反射光线的颜色之一，金光闪闪的环境对人的视线伤害最大，容易使人神经高度紧张，不易放松。

↑金色给人富丽堂皇的感受，比较适合开阔的房间。金色的顶棚及墙面，结合水晶吊灯将华丽发挥到极致。

↑金色有时也可以搭配得非常娴静，但整体色彩的纯度相对较低。浅金色的墙面与装饰品，与白色搭配显得简洁干净。

（8）优雅厚重的咖啡色

咖啡色属于中性暖色色调，优雅、朴素、庄重而不失雅致。它摒弃了黄金色调的俗气，又或是象牙白的单调和平庸。

↑此处的咖啡色深浅不一，主要表现在浅咖色的墙纸和窗帘，深咖色的床架和梳妆台上。

↑封闭的空间将深咖色的木板做了镂空的设计，使得空间变得不那么压抑，绿植也更加动人。

（9）现代简约的黑白色

黑白色被称为"无形色"，也可称为"中性色"，属于非彩色的搭配。黑白色是最基本和简单的搭配，灰色属于万能色，可以和任何彩色搭配，也可以帮助两种对立的色彩和谐过渡。

↑白色的墙面干净整洁，黑色的餐桌用白色几何线条装饰，具有设计感。黑色的相框和灯具整体风格一致。

↑黑白条纹的沙发使得黑白搭配具有了新的创意，灰白色的墙面和银色的落地灯中和了黑白色调的乏味，增添了新意。

4.2 灵活运用色彩

1.色彩组合

色彩效果取决于不同颜色之间的相互关系，同一颜色在不同的背景条件下可以迥然不同，这是色彩所特有的敏感性和依存性，因此如何处理好色彩之间的协调关系，就成为配色的关键问题。

组合搭配

（1）同色系组合

同一色相不同纯度的色彩组合，称为同色系组合。在空间配置中，同色系搭配是最安全也是接受度最高的方式。同色系中的深浅变化及其呈现的空间景深与层次，让整体尽显和谐一致的融合之美。

相近色彩的组合可以创造一个平静、舒适的环境，但这并不意味着在同色系组合中不采用其他的颜色。应该注意过分强调单一色调的协调而缺少必要的点缀，很容易让人产生疲劳感。

↑高明度＋高纯度的色彩，散发奢华魅力。这种搭配在同色系中难度较大，要找准色彩倾向，还要考虑人对色彩的感知度，尤其是人对冷色系列色彩的感知度较弱，因此可以在明度上加以变化，适当搭配一些偏暖的色彩，如浅米黄色。最关键的是要将色彩分配拉开，而不是集中在一起。

 图解小贴士

华丽色与朴素色

华丽和朴素是因彩度和明度不同而具有的感情，像纯色那样彩度高的色或明度高的色，给人以华丽感，冷的具有朴素感，白、金、银色有华丽感，而黑色按使用情况有时产生华丽感，有时则产生朴素感。

（2）邻近色组合

邻近色组合是最容易运用的一种色彩方案，也是目前最大众化和深受人们喜爱的一种色调，这种方案只用两三种在色环上互相接近的颜色，它们之间又是以一种为主，另几种为辅，如黄与绿、黄与橙、红与紫等。一方面要把握好两种色彩的和谐，另一方面又要使两种颜色在纯度和明度上有区别，使之互相融合，取得相得益彰的效果。

↑ 在白色的家居基调上，选择湛蓝色沙发搭配浅蓝色顶棚，具有统一和谐的感觉。

↑ 在咖啡色地板及墙面的基调上，选择赤茶色沙发搭配褐色书柜和胭脂色地毯，文艺气息浓厚。

（3）对比色组合

对比色如红色和蓝色、黄色和绿色等，如果想要表达开放、有力、自信、坚决、活力、动感、年轻、刺激、饱满、华美、明朗、醒目之类的空间设计主题，可以运用对比型配色。对比型配色的实质就是冷色与暖色的对比，一般在150°～180°之间的配色视觉效果较为强烈。在同一空间，对比色能制造有冲击力的效果，让房间个性更明朗，但不宜大面积同时使用。

→粉红色的床帘搭配赤紫色墙面，巧妙避过廉价风味，少女气息扑面而来。

↓青绿色碎花墙纸搭配栗色复古瓷砖，具有地中海风情。白色与栗色结合的浴缸为点睛之笔。

→整体风格偏向田园风，房间独具个性。白色墙面作为基调，小面积的宝蓝色橱柜点缀其中，青绿色的餐桌椅与之产生对比。蓝白格子的桌布与绿色小盆栽的碰撞可爱至极。

互补搭配

（4）互补色组合

　　使用色差最大的两个对比色相进行的色彩搭配，可以让人印象深刻。由于互补色之间的对比相当强烈，因此想要适当地运用互补色，必须特别慎重考虑色彩彼此间的比例问题。因此当使用互补色配色时，必须利用一种大面积的颜色与另一种较小面积的互补色来达到平衡。如果两种色彩所占的比例相同，那么对比会显得过于强烈。

↑群青色顶棚板与淡黄色沙发的互补色组合非常柔和，并采用了灰白色进行平衡，比例适当。

↑对比强烈的色彩常在KTV等娱乐空间使用，紫色、黄色、绿色、蓝色之间的互动非常吸引人的眼球。

（5）双重互补色组合

　　双重互补色调是有两组对比色同时运用，采用四个颜色，对房间来说可能会造成混乱，但也可以通过一定的技巧进行组合尝试，使其达到多样化的效果。对大面积的房间来说，为增加其色彩变化，是一个很好的选择。使用时也应注意两种对比中应有主次，对小房间来说更应把其中之一作为重点处理。

←湖蓝色墙面与鹅黄色顶棚的互补是一组，小面积的紫色抱枕与青绿色窗帘为另一组互补色。其他小装饰品也采用了相同色系的色彩，因此避免了繁缛混乱。整体颜色的纯度比较统一，看起来充满了趣味，非常和谐。

↓黑色的餐桌、沙发、橱柜，白色的茶几、墙面、顶棚板，添加了两个黄色的小抱枕和水果盘，给人视觉上的跳跃性。

（6）无彩系组合

　　黑、白、灰、金、银五个中性色是无彩色，主要用于调和色彩搭配，突出其他颜色。其中金、银色是可以陪衬任何颜色的百搭色，当然金色不含黄色，银色不含灰白色。有彩色是活跃的，而无彩色则是平稳的，这两类色彩搭配在一起，可以取得很好的效果。在空间装饰中黑、白、灰颜色的物品并不少，将它们与彩色物品摆在一起别有一番情趣，并具有现代感。在无彩色中只有白色可大面积使用，黑色只有小面积使用于高彩度之间，才会显得跳跃和夺目，取得非同凡响的效果。

↑大量运用了黑白灰色系，大面积的黑色的墙壁、灰色的地毯，带有简约味道。沙发夺人眼球的红色与黑色产生了鲜明的对比。

（7）自然色组合

自然色泛指中间色，是所有色彩中弹性最大的颜色。中间色皆来源于大自然中的事物，如树木、花草、山石、泥沙、矿物，甚至是枯枝败叶。自然色是室内色彩应用之首选，不论硬装还是软装，几乎都可以以自然色为基调，再加以其他色彩、材质的搭配，从而得到很好的效果。

↑客厅与过道空间软装配饰主调是自然色。自然色是任何色彩都无法逾越的美。

↑生活是丰富多彩的，家也一样。因此用木质米黄色、绿色这些明亮的色彩加以点缀，有种耳目一新的感觉，自然而又简简单单。

2.色彩搭配运用方法

（1）清爽宜人的蓝色

1）色彩搭配黄金法则。家居色彩黄金比例为6:3:1，其中"6"为背景色，包括基本墙、地、顶的颜色，"3"为搭配色，包括家具的基本色系等，"1"为点缀色，包括装饰品的颜色等，这种搭配比例可以使家中的色彩丰富，但又不显得杂乱，主次分明，主题突出。在设计和方案实施的过程中，空间配色最好不要超过三种色彩。

硬装 〉 家具 〉 灯具 〉 窗帘 〉 地毯 〉 床品 〉 花艺 〉 饰品

↑空间配色方案顺序排列

↑银桦色作为背景色囊括了墙面、地板和房顶，占比例6。白色作为搭配色包含了所有的家具，占比例3，青绿色沙发凳和绿植作为点缀色，占比例1。整体色系简单干净，营造出大气奢华、十分瞩目的效果。

图解小贴士

软装色彩搭配窍门

　　世界上有无数种色彩，色彩搭配的方法亦有无数种。细心观察，找到更多专属自己的色彩搭配方法。日本一位设计师曾经提出75%、25%与5% 的配色比例方式，其中的底色为大面积使用的底色，而主色与强调色则可以利用互补色的特性。

75%　　25%　　5%

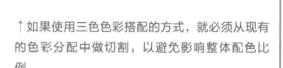

↑一般情况下建议画面或空间的色彩不宜超过3种色相，比如祖母绿与抹茶绿可以视为一种色相。按照色彩规律，颜色用得越少越好。

↑如果使用三色色彩搭配的方式，就必须从现有的色彩分配中做切割，以避免影响整体配色比例。

　　2）确定一个色彩印象作为主导。对一个房间进行配色，通常以一个色彩印象为主导，空间中的大面积色彩从这个色彩印象中提取，但并不意味着房间内的所有颜色都要完全照此来进行。

↑大面积的咖啡色墙壁，以及浅咖色的地板，奠定了深色系的基调，由此床品选择了灰色系。

↑白色的墙壁代表了简约的风格，床品也选择了素色进行搭配，墙上的绿色彩绘与椅子相呼应。

3）适当运用对比色。适当选择某些强烈的对比色，以强调和点缀环境的色彩效果。但是对比色的选用应避免太杂，一般在一个空间里选用两至三种主要颜色作为对比组合为宜。

←宝蓝色与正红色的碰撞非常有趣，给人活泼的感觉。但宝蓝色只是小面积地应用在门窗上，红色则更小地应用在柜子的背板上。再加上白色的调和，整体感觉清新自然，给人舒心的感觉。

4）色彩混搭。虽然在家居装饰中常常会强调，同一空间中最好不要超过三种颜色，色彩搭配不协调容易让人产生不舒服的感觉。但是，三种颜色显然无法满足一部分个性达人的需要，混搭太容易审美疲劳了。色彩混搭的秘诀就在于掌握好色调的变化。两种颜色对比非常强烈时通常需要一个过渡色。

↑丁香色的帘子用来制造浴室浪漫温馨的气氛，碧绿色的墙壁作为背景，其他黄色、红色、蓝色作为混搭装饰，非常和谐。

↑墨绿色的床头加上红白条纹的墙壁，深浅不一，契合完美。搭配白色床品、蓝色抱枕，颜色混搭别具一格，条纹也并不显得突兀。

→配色建议：

①红色配白色、黑色、蓝灰色、米色、灰色。

②咖啡色配米色、鹅黄色、砖红色、蓝绿色、黑色。

③黄色配紫色、蓝色、白色、咖啡色、黑色。

④绿色配白色、米色、黑色、暗紫色、灰褐色、灰棕色。

⑤蓝色配白色、粉蓝色、酱红色、金色、银色、橄榄绿、橙色、黄色。

5）白色起到调和作用。白色是和谐万能色，如果同一个空间里各种颜色都很抢眼，互不相让，可以加入白色进行调和。白色可以让所有颜色都冷静下来，同时提高亮度，让空间显得更加开阔，从而弱化凌乱感。

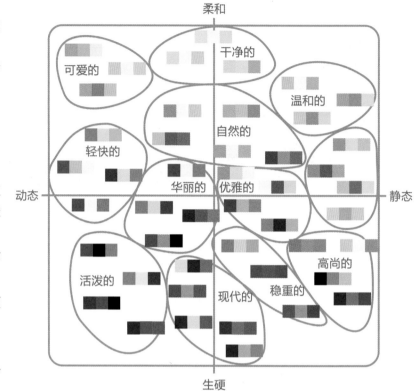

↑墙壁的黑色曲折线条以及黑白马赛克瓷砖并没有使房间变得过于凌乱，因为大面积的白色解决了这个问题。

↑整体的软装搭配带有一丝中式风格，不论是花纹还是条纹都在白色的基调上发挥恰当，并没有让人觉得紊乱，而是给人娴静淡雅的感觉。

6）米色带来温暖感。根据对心理情绪的影响，色彩可以分为暖、冷两类色调。暖色以红、黄为主，体现着温馨、热情、欢快的气氛。冷色以蓝、绿为主，体现着冷静、湿润、淡薄的气氛。在寒冷的冬日里，除了花团锦簇可以带来盎然春意，还有一种颜色拥有驱赶寒意的巨大能量，那就是米色。米色系的米白、米黄、驼色、浅咖啡色都是十分优雅的颜色，米色系和灰色系一样百搭，但灰色太冷，米色则很暖。相比白色，它含蓄、内敛又沉稳，并且显得大气时尚。

↑沙发旁的多功能组合柜，承担了鞋柜、衣帽柜、酒柜、餐边柜、咖啡台的多重功能。开敞与封闭组合，黑白烤漆材质，容易打理，充满现代感。

↑米色墙面板，柔软的质感，没有白墙的冰冷，却素雅温馨。抱枕和盖毯明亮的姜黄色点亮了整个空间。

（2）利用色彩调整空间缺陷

对不同的色彩，人们的视觉感受是不同的。充分利用色彩的调节作用，可以重新塑造空间，弥补居室的某些缺陷。

1）调整过大或过小的空间。深色和暖色可以让大空间显得温暖、舒适。强烈、显眼的点缀色适用于大空间的墙面，用以制造视觉焦点，如独特的墙纸或手绘。但要尽量避免让同色的装饰物分散在空间内的各个角落，这样会使大空间显得更加扩散，缺乏重心，将近似色的装饰物集中陈设便会让空间聚焦。

↑运用清新、淡雅的墙面色彩可以让小空间看上去更大；点缀鲜艳、强烈的色彩会增加整体的活力和趣味；还可以用不同深浅的同类色做叠加以增加整体空间的层次感，让其看上去更宽敞且不单调。

2）调整过大或过小的进深。纯度高、明度低、暖色相的色彩看上去有向前的感觉，被称为前进色；反之，纯度低、明度高、冷色相的色彩被称为后退色。如果空间空旷，可采用前进色处理墙面；如果空间狭窄，可采用后退色处理墙面。

↑整体的房间家具尺寸比较大，占用的面积也比较多，使用灰色系让整个房间变得宽阔了许多。

↑房间内部家具较少，为避免产生冷清感，添加了花朵墙绘，米色系的应用呈现出温馨感。

3）调整过高或过低的空间。深色给人下坠感，浅色给人上升感。同纯度同明度的情况下，暖色较轻，冷色较重。当空间过高时，可采用较墙面温暖、浓重的色彩来装饰顶面。但是必须注意色彩不要太暗，以免使顶面与墙面形成太强烈的对比，使人有塌顶的错觉；当空间较低时，顶面最好采用白色，或采用比墙面淡的色彩，地面采用重色。此外，陈设饰品的形体大小与色彩也能对空间高低产生影响，其中体积较大的浅色陈设品可以增加空间高度，体积较大的深色陈设品可以降低空间高度。

调整
空间

↑欧式风格大多采用浅色系来装饰顶棚板，提供上升感，给人大气宽阔的感觉。

↑东南亚风格本就多采用自然材料来装饰，深色的顶棚板与地面呼应，居室空间显得牢固密切。

4.3 国际色彩趋势

1.千禧粉

如果说，有哪种颜色能让如今的年轻人为之沉醉，那么"千禧粉"就一定值得一提，即使你对这个名字并不熟悉，但也肯定感受过某个时刻被它刷屏的震撼。从服装、食品包装、文具、化妆品，再到各种家居用品，乃至整栋建筑的外墙，几乎都有它的身影。

粉色趋势

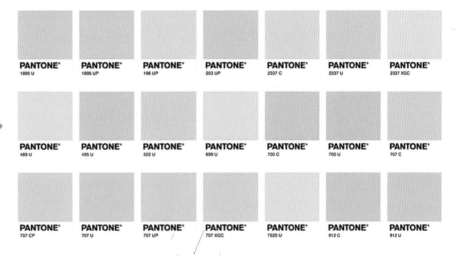

↑千禧粉并不是特定的一种颜色，而是一系列粉色的总称。灰调玫瑰、裸桃、暗杏色和带点西柚色倾向的粉等，都称得上千禧粉，且具有复古气息。粉色用于室内软装陈设时要与周边环境相搭配，但是又不能完全被笼罩在粉色的环境中，需要通过白色、米色、红色等颜色进行衬托。

↑梅子色的绒布沙发是整片桃色墙面和桌子包围中的一抹亮色。

↑粉嫩的色彩仿佛将整个居室空间融化了一般，带有少女的梦幻与甜美。

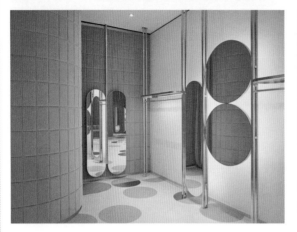

↑粉色、白色和金色的颜色与各种几何形状的复古的镜子相搭配呈现出完美的粉色空间。

↑极少的几何结构结合较高的色彩饱和度，使得这个空间看起来更像是艺术建筑而不是住宅，几何结构和色彩让空间更像是虚拟的艺术馆。

2.红色系

提到暖色，最佳代表就当属红色了，在清冷的秋冬季，它的热情最容易吸引人。每年的流行色里最让人震撼的就是红色，无论是石榴红、学院红，总是很容易从其他颜色中跳脱出来，引起注意。红色不只有大红一种，人们喜欢它的原因是因为她多变：大红热情，深红稳重，粉红梦幻，酒红优雅，桃红明亮，紫红温雅。多变的气质让人对它爱得深沉，无法自拔。红色是一种较具刺激性的颜色，它给人以燃烧和热情感，但这不是它受人喜欢的唯一原因。

**红色
情怀**

↑略带中性清冷的黑白灰色调，跟粉色搭配和谐。

↑比较收敛的粉色系色调，结合稍具工业风的室内装饰，柔化了整个空间氛围。

← 红色波长最长，是彩虹最顶端的颜色，也是黄昏时最先看不见的颜色。因此红色也具有了朝气、积极向上的一种情感，业主年纪偏高的时候就可以酌情考虑在设计中使用一些红色。

↑ 醇美的酒红色是时下最流行的色彩之一，它比中国红少了一份耀眼张扬，却比少女粉多了一份成熟的韵味。在家居中酒红色的运用可轻易达到尊贵优雅的格调，营造摩登复古的感觉。

↑ 中国红作为背景色，吸纳了朝阳最富生命力的元素。在家居的色彩搭配中与海军蓝、油绿色、墨玉色等冷色组合，一动一静，产生奇妙的空间氛围。

3.暖木棕色

　　暖木棕色和常规理解的木和棕色并没有很大的关系，其内涵是因为它从自然中提取，散发出随性、中和以及优雅的气质。可以让人的眼睛很舒适和愉悦，同时又给居室带来沉稳和不俗的装饰氛围。暖木棕色具备温和、包容性强等特质，色调冷暖均衡，带有温和的灰度，具有很强的百搭性，非常适合家居使用。不论是更深沉，或是更明亮大胆的色调，皆能与优雅的暖木棕色呈现完美结合，勾勒出一种宁静又疗愈的空间美学意境。

↑淡雅轻松的暖木棕色与粉灰色营造一个自然、轻松的家居环境，建立与自然的连接，享受自然色彩带来的舒适与安心。

↑自然的光线洒满了整个房间，亚麻与棉质带有纯粹质朴的动人气质，冷色调的蓝色对空间是一个很好的平衡，中性色与青蓝色则让整个空间有了很好的情感连接。

↑暖木棕色来源于大自然，最初是木材在自然环境中生长、成熟、腐烂、变质等一系列过程中形成千变万化的色彩，这些色彩虽然多样，但是万变不离其宗，都具有米黄色原始木纹的特征。在软装搭配设计时，可以选用颜料来预先表现出色彩，甚至可以画在纸上，不断调色、配色，最终达到符合室内软装陈设设计需要的色彩品种。暖木棕色中以暖色为主，同时可以兼顾少许冷色，如绿色、蓝色，这些冷色要不断加白来提高明度，让色彩倾向显得粉气十足。这是现代室内设计中比较流行的色彩倾向，反映出现代人对大自然的崇尚，人们希望逃离城市生活的冷漠与枯燥，在室内设计中寻求大自然的气息。但是，暖木棕色不能大面积使用，应当在局部点缀，否则会让人感到乏力，没有生活和工作的激情，因此在软装陈设品中，这类颜色可用于沙发抱枕、小块地毯、茶几台布等。

4.绿色系

绿色,是芳草碧连天的诗意,是山水草木的清新,是时尚,更是舒适。 凭借着高舒适度与百变的风格,绿色在软装的世界任性地勾画、渲染多面的惊艳。城市生活喧嚣嘈杂,大自然让人无尽向往。而绿色总能为这个基地的空间营造出清新自然的氛围,无论是绿色的墙、原木的桌椅,还是绿色的椅子、原木色的墙面,两者搭配起来总能产生很好的效果。

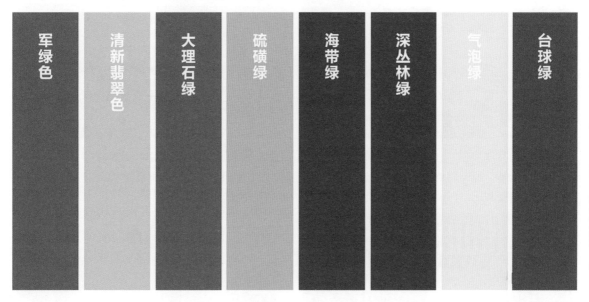

| 军绿色 | 清新翡翠色 | 大理石绿 | 硫磺绿 | 海带绿 | 深丛林绿 | 气泡绿 | 台球绿 |

↑绿色系在任何设计风格中都是存在的,但是在软装陈设中一般出现在绿化植物上,因此很多人就忽略了将绿色用于软装陈设品,绿色一般不单独选配,而是要先与周边环境协调。室内墙面、大件家具上都可以选用绿色系,再考虑软装陈设品上选用纯度更高的绿色,同时也要和室内绿化植物的绿色区别开。选用两到三种绿色就比较丰富了,不宜将上述所有绿色都用于同一室内空间中。

↑祖母绿和金色是近乎完美的搭配。金色加进了祖母绿,去掉了浮夸与俗气。祖母绿加上金色,更多了几分贵气。

↑祖母绿就有如它的名字一般有一种高贵富态的感觉,散发着优雅神秘的气质。它优雅复古,色调较为沉稳。

　　设计中应用的绿色有很多，它们并不能代替植物的绿色，尤其大面积的绿色反而让人难以集中精神，降低学习与工作效率，所以要注意，书房、办公室等环境并不适合用绿色作为主色调去装饰空间，更不要将软装陈设品全部换成绿色。

↑灰绿色可以用在衣柜、台灯等一些软装上。灰绿色低调柔和不抢眼，能够完美适配任何背景色，与柔和的杏色也相得益彰。

↑厨房区域的软装运用小清新的薄荷绿可以有效抗衡油腻感。使用准则是薄荷绿墙面+原木家具+薄荷绿软装+对应色的点缀。

↑大面积的黑白线条壁纸装饰大胆而又美观。强调出一种明晰的理性美。抽象的壁画则尽显现代时尚气息。

↑整体软装色调以复古绿为主题，使用绿色绒面沙发搭配具有年代感的格子毛呢，结合轻奢水晶灯的廓型，点缀古铜金色饰品，整个空间呈现出令人迷醉英式的优雅奢华，同时又带着点野性的英国绅士情怀。

第5章
家具摆设

识读难度：★ ★ ★ ★ ★

核心概念：客厅、卧室、餐厅、书房、卫生间

章节导读：

　　家具是由材料、结构、外观形式和功能四种因素组成，其中功能是先导，是推动家具发展的动力，结构是主干，是实现功能的基础。由于家具是为了满足人们一定的物质需求和使用目的而设计与制作的，因此家具还具有材料和外观形式方面的因素。这四种因素互相联系，又互相制约。家具多指衣橱、桌子、床、沙发等大件物品，家具既是物质产品，又是艺术创作。

5.1 门厅玄关

说玄关是一件摆设，倒不如说它是一种文化。它是给人第一印象的地方，是反映文化气质的"脸面"。 玄关在大户型面积的房子里，通常叫玄关，而在小户型里，就是一个简单的进门地方，可能就是一个鞋柜和一块防滑毯而已。随着现代装饰的产品越来越丰富，设计越来越多样，无论是大小户型，玄关的设计变成了一个充满了审美和个性挑战的地方。

门厅家具的摆放既不能妨碍出入通行，又要发挥家具的使用和装饰功能，通常的选择是低柜和长凳，低柜属于收纳型家具，可以放鞋、雨伞和杂物，台面上还可放些钥匙、手机等物品，长凳的主要作用是方便换鞋和休息。鞋柜是门厅玄关家具的首选，布置时有很大的讲究。

↑精致的装饰画与案几造型相呼应，蓝色瓷瓶的装饰性特别强，快速吸引人的视觉。

↑充满女性设计感的玄关给人惊艳美，桃红色让玄关以最佳姿态迎接客人们的到来。小范围大胆尝试高调的色彩，不会太过花哨。

↑玄关设计复古自然，赭石色的艺术漆与拙朴的玄关柜前后呼应。木质的温润质感让人心生暖意。不同的木质可以带来不同的感觉。

↑在尺度比较大的门厅，对称布局双玄关柜是个不错的选择。简约大方的款式可以增强空间的整体效果，多一倍的饰品让门厅看起来更丰富。

1.鞋柜

市面上常见的鞋柜主要有五种：抽屉式鞋柜、开门式鞋柜、抽拉式鞋柜、嵌入式鞋柜、组合式鞋柜。

↑抽屉式鞋柜，通常有两到三层，每层里面用钢丝作隔离，可放二十几双鞋。

↑开门式鞋柜，常见的有三开门的、四开门的，这种鞋柜通常有放伞的地方。

↑抽拉式鞋柜外表看起来像抽屉式，但不必拖出来放鞋子，只需拉一下就可以。

↑嵌入式鞋柜，它结合进门顶棚的设计做出来，不仅美观实用而且大大地节省了室内空间。

↑组合型鞋柜完美地解决了鞋子放不下的问题，想放多少鞋子，就买多少鞋柜

鞋柜通常放在门厅的一边，是进出大门必用的家具，购买时千万别贪大。鞋柜过高过大，各种鞋子的混杂气味和病菌，更容易对家人的呼吸道器官造成侵害。如果已经买了大鞋柜，扔掉又觉得浪费，可以少放鞋子，将上层空间用于存放其他物品。同时也要注意，不宜将鞋柜当作一个杂物柜，与出行无关的或长期不用的物品不考虑放在鞋柜中。

除了用于储藏的鞋柜，还要考虑换鞋凳，换鞋凳融合到鞋柜中最好，与鞋柜形成一个整体。注意不宜采用能折叠的单板来取代鞋凳，否则人坐上去容易弯曲或断裂。

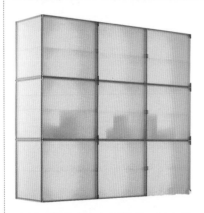

↑透明鞋柜能在保证鞋子不落灰的同时，又方便查找鞋子，配上灯光很有艺术感。

↑玄关空间不够大的时候，摆个鞋柜很压抑，不摆又不方便，不妨利用好楼梯下的空间做个鞋柜。

↑圆形鞋柜可以360°旋转，里面可以摆放不同的鞋子，放置空间可以自由调节。

2.换鞋凳

（1）定制一体化长凳

设计入户玄关，如果空间够大，完全可以用一个有序的方式来组织空间与功能，将鞋柜、长凳、全身镜、挂钩、隔板安排妥帖。风格形态统一，给入户空间毫不松散的凝聚力。

→铁艺衣架与换鞋凳结合，焊接工艺，金色烤漆，美式风格。挂包、挂衣服及其他杂物都可以。

→儿童一体换鞋凳，采用白蜡木制造，健康环保。充满童趣的造型，可爱至极。

↑和衣帽架一体的换鞋凳。凳子下面可作鞋柜，也能加收纳筐收纳衣物。

（2）独立的带储藏功能长凳

单纯的、独立的带储物换鞋长凳，也是小空间的上佳之选。将更多的空间留给鞋柜，剩下的空间就可以由它来独立发挥。长凳要考虑承重性能，底部两个柱脚之间的间距不宜超过1m，否则要加固。

↑自带小柜子的换鞋凳，足以收纳玄关的零碎物品。柜子台面还可以做一些装饰陈列。

↑粉嫩的颜色适合美式乡村风格，具备丰富储藏空间的同时，又能装饰家居。

（3）单独的小凳子

单独的小凳子在于其灵活性，不必每次都要到固定的位置坐下换鞋，能够随意取拿，闲时也能另作他用，非常方便。其价格也较为低廉，适合玄关空间较小，不适合摆放大型换鞋凳的户型。

↑四角方凳，实木制作，素色的亚麻材质具有简约风格，小巧的造型非常灵便。

↑创意小羊坐墩，白色的造型惹人喜爱，四只羊脚刚好作为小羊的脚，带有储物空间。

↑采用榉木材质，凳面向内凹进去，符合人体曲线，清新亮丽的颜色适合简约风格。

图解小贴士

门厅与玄关的区别

门厅指的是功能区域，进门这一块称为门厅。可能是开放的也可能是封闭的，可以是住宅空间也可以是商业或办公的空间。玄关是从日本流行过来的说法。一般指的是家居空间。一般不会为全开放格局，会设置视觉隔断或者完全独立空间。

5.2　客厅

客厅在住宅中当属最主要的空间了，是家庭成员逗留时间最长、最能集中表现家庭物质生活水平和精神风貌的空间，因此，客厅应该是设计与装饰的重点。客厅是家庭成员及外来客人共同活动的空间，在空间条件允许的前提下，需要合理地将会谈、阅读、娱乐等功能区划分开，诸多的家具一般贴墙放置，将个人使用的陈设品转移到各自的房间里，腾出客厅空间用于公共活动。

↓欧式田园风的客厅重在对自然的表现，同时又强调了浪漫与现代流行主义的特点。欧式客厅非常需要用家具和软装来营造整体效果。橡木或枫木家具，色彩鲜艳的布艺沙发，都是欧式客厅里的主角。

1.电视柜

电视柜是客厅观赏率最高的家具，主要分为地台式、地柜式、悬挑式、组合式和壁挂式。

（1）地台式

地台式一般在装饰装修中是现场定制，采用石材制作台柜表面，大气、浑然一体。如果选购就要注意成品家具的长度了，不是所有的客厅都适合大体量的地台电视柜。地台电视柜一般没有抽屉，而液晶电视机就挂在墙上面。

→地台式电视柜适合喜欢简约风格的户主采用。地中海风格很适合大理石台面，整个地台与房梁合为一体，流畅的蓝色线条与条纹沙发相呼应，整体风格清新自然，没有多余的累赘。

（2）地柜式

地柜式电视柜可以配合客厅中的视听背景墙，既可以安置多种多样的视听器材，还可以将主人的收藏品展示出来，让视听区达到整齐、统一的装饰效果，这样既实用又美观的设计，给客厅增添了一道"风景"。地柜的容量很大，一般配置3到4个抽屉，可以存放很多物品，满足大多数家庭的需求。

↑简单的线条勾勒出家具的华贵感，乳白色烤漆彰显北欧风情。

↑黑色、白色、金色的组合具有后现代风格，带有神秘的色调。

↑中式实木电视柜，具有丰富的储物空间。温暖的海棠色，带来中式热情。

（3）悬挑式

需要预制安装，电视柜的安装对墙体结构要求比较高，最好是实体砖砌筑的厚墙，要能承载柜体和电视机的压力。悬挑式电视柜下方内侧可以安装发光软管灯带或日光灯管，营造出柔和的光源，呼应电视机屏幕。

↑异形的电视柜，本就是居室中一道亮丽的风景。清丽的颜色加上素雅的陶瓷摆件，独具风情。

↑实木制造，表面采用烤漆工艺。可在柜子上方放置绿植花卉，减少视觉疲劳。

（4）组合式

按照客厅的大小可以选择一个高柜配一个矮几，或者一个高几配几个矮几，这种高低错落的组合电视柜因其可分可合、造型富于变化，一直走俏国际市场。组合式电视柜让电视机的摆放位置更加丰富多样，很好地满足空间居住者的各种需求，但需要注意的是电视柜和家具产品应配套以及安装方法应一致。组合式的电视柜，同时还方便平时空间的收纳，可以直接将电视机安装在组合电视柜附带的板上。再搭配摆放些物件，让空间看起来更加美观，使用更便利。

组合柜体

↑高柜配矮几，加上悬挑的小方柜，储物的功能非常完美，占有的空间刚好适应墙角转折之处。

↑不同规格的柜子可以自由组合，将每寸空间都利用合理。组合家具下方设计成储物功能，将收纳和设计有效结合起来，让物品摆放变得更加有序，空间也更美观。

（5）壁挂式

壁挂式电视柜非常小巧轻便，占用的空间较少。也能节约出地面空间，显得居室更加开阔。

↑黑色异形造型，搭配小型绿植，带有现代极简主义风格。明亮立体的线条，打造时尚的家居感。

↑精致的造型感，小巧外形，自己可轻松安装。环保的实木加上亮光的烤漆，耐用不易掉色，清爽的白色轻装素裹带给你完美的百搭体验。

图解小贴士

电视柜选购要点

　　注意客厅的面积大小，根据客厅的户型与面积来设计摆放方式。如果客厅面积大，比较宽敞，板架结构、整面框体墙等形式都是可以的。如果客厅面积比较小，可采用"品"字形组合电视柜，利用空间的同时，不失层次感。

　　注意电视柜尺寸大小，电视墙的长宽、电视机长宽高这些尺寸要提前量好。提前测定家里人看电视时的视线高度，保证电视摆放的高度。

　　注意电视柜材料，电视柜的材料五花八门，建议选择散热较好、防火的材质。

　　注意整体风格，中式风格的客厅，可以选择沉稳复古的电视柜，现代风格的客厅可以选择简约、个性的电视柜。客厅风格和电视柜的风格应该搭配一致。

2.沙发

　　沙发不单纯是供靠坐休息使用，现在已经发展到集使用、健身、观赏为一体的多功能家具，而且占据室内相当的面积。沙发种类繁多，如进口、国产、布艺、皮料、豪华、休闲等。

（1）构造合理

　　市场上销售的沙发按靠背高矮可分为：低背沙发，靠背高于座面约370mm，给腰椎一个支撑点，属休息型轻便椅，方便搬动、占地小；普通沙发，最为常见的是有两个支撑点承托腰椎与胸椎，此类沙发靠背与座面的夹角很关键，过大或过小都会导致使用者的腰部肌肉紧张、疲劳；高背沙发，有三个支点，且三点构成一个曲面，使人的腰、肩背、后脑同时靠在靠背曲面上，这就要求木架上三点位置必须合适正确，否则会使坐者感到不适，选购时可以通过试坐加以判定。

↑高级灰在家具中的应用也非常广泛，浅灰色沙发与黑白家具搭配，大面积的深灰色墙面用白色装饰画点缀，呈现出低调的质感。

↑沙发在挑选的时候要注意与周围的装饰品相契合相呼应，否则会显得突兀。淡蓝色的墙面与深蓝色的沙发同属于一个色系，同时沙发与装饰画又相呼应，显得非常和谐。

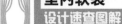
（2）有良好的弹性，平整柔软，硬度适中

这与选床垫类似，要求压、按、挤、靠时弹性均匀，压力去除后可以迅速回弹，这反映内部垫层质量高。高档沙发多采用尼龙带和蛇簧交叉编织网结构，上面分层铺垫高弹泡沫、喷胶棉和轻体泡沫。中档沙发多以层压纤维为底板，上面分层铺垫中密度泡沫和喷胶棉，坐感与回弹性较前者为差。

↑深蓝色的沙发采用绒布面料，给人温暖的触感，在与蓝色花纹地毯呼应的同时，也采用了姜黄色抱枕作点缀，厚实蓬松的坐垫，给人满满的安全感。

↑蔷薇色的沙发给人春天的气息，搭配格纹抱枕，增加了时尚感。高高的靠背搭配弯曲的扶手，带有一丝复古气息，扎实的坐垫可以迅速回弹。

（3）骨架结实可靠

沙发主结构为木质或金属材料，骨架应结实、坚固、平稳、可靠。外露部分通过看、摸来鉴别，内藏部分通过推、摇、晃、坐等动力测试来找感觉。如揭开座下底部一角查看，应该无糟朽、虫蛀，是采用不带树皮或木毛的光洁硬杂木制作，且木料接头处不是用钉子钉接，而是榫卯结合且用胶黏牢的即为可靠。

↑沙发主结构为金属材料，非常牢固。简洁的造型散发着现代简约风格的魅力，橘黄色的抱枕更添风采。

↑沙发采用棉麻透气面料，高密度海绵填充，给人感觉轻盈舒适，宽厚的扶手，敦实的体格，安全度极高。

（4）面料美观耐用，合乎使用要求

布艺沙发的面料应较厚实，经纬细密、平滑、无跳丝、无外露接头，手感紧绷有力。沙发面料可分为国产与进口，欧美专业厂家生产的沙发专用面料品质优良，色差极小，色牢度高，织品无纬斜，特别是一些高档面料为提高防污能力，表面还进行了特殊处理。进口高档面料还具有抗静电、阻燃等功能。布艺沙发要选择面料经纬线细密平滑、无跳丝、无外露接头、手感有绷劲的。缝纫要看针脚是否均匀平直，两手用力拉扯接缝处看是否严密。

↑沙发材质为非洲乌金木，非常的结实，带有自然的纹路。头层牛皮，具有良好的强度。精美的雕工与优美的曲线，湖蓝色沙发给人高贵典雅的感受。

↑沙发面料为混纺材质，祖母绿经久耐脏。经典流线型扶手，尽显优雅。稳固的实木椅脚，给人厚实的依托感。

↑绒布沙发在于其柔和的触感，乳胶填充物更增加了其柔韧性。孔雀绿的颜色设计非常时尚。

沙发面料的使用环境要求它必须耐脏、耐磨损、抗拉伸、抗断裂，其外层反复承受人的坐、卧冲击。里层随弹簧、海绵等弹性体伸缩循环，不能随意清洗。这些决定了在关注其外观图案色彩的同时，万不可忽视其内在质量。

3.茶几

很多设计师在选择茶几的时候，只是看到卖场里摆放得好看，却没有想到茶几在生活中的作用。合适的茶几，不仅要款式好看，而且还要与其他家具搭配，并且根据个人的需要来挑选，选购茶几时要注重美感和功能兼备。

（1）恰当的空间

茶几的大小选择要看空间的大小，小空间放大茶几，茶几会显得喧宾夺主；大空间放小茶几，茶几会显得无足轻重。在比较小的空间中，可以摆放椭圆形、造型柔和的茶几，或是瘦长的、可移动的简约茶几，而流线型和简约型的茶几能让空间显得轻松且没有局促感。

↑环境空间较大，可以配沉稳、深暗色系的木质茶几。除了搭配主沙发的大茶几以外，在厅室的单椅旁，还可以挑选较高的边几。

↑较小的空间，主人可选择舒适的布艺沙发，配合北欧现代简约风格的塑料材质小茶几、小型玻璃茶几或者长方形的金属茶几。

（2）合适的颜色

茶几与空间的主色调搭配也十分重要。色彩艳丽的布艺沙发可以搭配暗灰色的磨砂金属茶几，或者是淡色的原木小茶几，而红木和真皮沙发，就需要搭配厚重的木质或者石质的茶几了。金属搭配玻璃材质的茶几能给人以明亮感，有扩大空间的视觉效果，而深色系的木质家具，则适合大型古典空间。

↑黑色皮质沙发，搭配原木色茶几、鲜活的绿植，带来浓厚的自然气息。

↑整体色系为自然色系，茶几的原木色与地毯搭配，其他家具也采用同一色调。

（3）注重功能性

茶几除了具有美观装饰的功能外，还要承载茶具、小饰品等，因此，也要注意它的承载功能和收纳功能。若空间较小，则可以考虑购买具有收纳功能或具有展开功能的茶几，以根据主人的需要加以调整。

（4）巧妙摆放

　　选好了款式，摆在空间中哪个位置也十分重要。茶几的摆放不一定要墨守成规，也就是说，茶几不一定要摆放在沙发前面的正中央处，也可以放在沙发旁或落地窗前，再搭配茶具、灯具、盆栽等装饰，甚至一些带轮子的茶几款式，都可展现另类的设计风格。如果要加强局部的美感，可以在茶几下面铺上一小块地毯，然后摆上精巧小盆栽，让茶几成为一个美丽图案。

←现在很多茶几都设计有好几层的隔板，茶几的顶层可以用来给客人聊天时放茶具或水果盘等，而下几层可放书和其他东西。多功能茶几犹如变形金刚，各部分都能伸缩或升降，合理运用颜色和形状的设计感，也可以很高端大气。

↑藤制的茶几给人清凉的夏日感，用这样编织的茶几装饰自己的家，多了几分朴素的乡村味道，但是搭配不同颜色的家具的话，又不会显得这款茶几多么俗气，反而是一种恰当的调和。

↑实木根雕茶几自然的形态让人感受到大自然的美好，柔和的曲线放在严肃的居室可以缓解气氛，放在简单的居室将是一个亮点，扎实的材质和光滑的手感看起来很有质感。

图解小贴士

壁炉

　　壁炉是西方的传统，最初的功能是取暖，燃料以木柴为正宗。壁炉烘托出拙朴的乡村风味，它所营造的暖意古色古香。我国的传统炭炉不仅可以取暖，还可以烧开水、烤红薯和馒头片，它不像西方壁炉只有取暖一种功能。现在的壁炉不再使用明火取暖了，取而代之的是电热加温，壁炉里熊熊燃烧的炉火实际上是经过设计后的影像，可谓是以假乱真了，价格在3000～10000元不等。

5.3 儿童房

儿童房的布置应该是丰富多彩的，针对儿童的性格特点和生理特点，设计的基调应该是简洁明快、生动活泼、富于想象的，为他们营造一个童话式的意境，使他们在自己的小天地里，更有效地、自由自在地安排课外学习和生活起居。少年儿童对新奇事物有极强的好奇心，在构思上要新奇巧妙、单纯富有童趣，设计时不要以成年人的意识来主导创意。在色彩上，可以根据不同年龄、性别，采用不同的色调和装饰设计。一般来说，儿童房的色彩应该鲜明、单纯，使用有童趣图案、色彩鲜明的窗帘、床单、被套等。

←为了让儿童尽早养成独立生活与处理问题的能力，儿童房间要营造出温馨的氛围，避免儿童在独处时产生恐惧与不安的心理，保证充足的照明，摆放一张舒适的床，并搭配儿童喜欢的床上用品与配饰等，让儿童可以获得充分的休息与放松。

儿童房的家具布置，要考虑他们的各个成长阶段，从儿童到青少年时期，在布置时要考虑空间的可变性，作为青少年的房间，要突出表现他们的爱好和个性。增长知识是他们这一阶段的主要任务，良好的学习环境对青少年是十分重要的，书桌、书架是青少年房间的中心区域，在墙上做搁板，是充分利用空间的常用手法，搁板上可摆放工艺品。另外，那些可折叠的床和组合的家具，简洁实用，富有现代气息，所需空间也不大，很适合青少年使用。

 图解小贴士

儿童房家具选购要点

儿童房的家具一般较简单，既不需要很多的使用功能，也没有必要追求华丽的外表和丰富的线脚，而应该在造型以及使用的安全性上多加考虑。儿童房家具要符合他们的身体尺度，写字台前的椅子最好能调节高度，家具棱角也不宜过多，应该尽量采用圆角或平滑曲线。质地坚硬和易碎的材料如钢、玻璃等应尽量少用，以防止儿童碰撞受伤。在家具造型上，要有新颖的构思、鲜明的特征，如把床设计成车船的形状，把衣柜柜门设计成门洞的形状，这些都是很好的想法，比较符合儿童的审美情趣。

1.床

　　儿童床要尽量避免棱角的出现，边角要采用圆弧收边。边角用手摸起来要光滑，不能有木刺和金属钉头等危险物。小孩子的天性就是好动的，所以要确保床是稳固的，应挑选耐用的、承受破坏力强的床，没有倒塌的危险；还要定期检查床的接合处是否牢固，特别是有金属外框的床，螺钉很容易松脱。把床放在安全的地方，为了防止小孩从床与墙壁之间跌落，夹在里面，床头最好顶着墙，如果床是顺墙摆放，床沿与墙壁之间最好不留缝隙。注意床的用料是否环保：用作儿童床的材料主要有木材、人造板、塑料、铝合金等，而原木是制造儿童家具的最佳材料，取材天然而又不会产生对人体有害的化学物质。

↑蓝色的车身造型，炫酷的流线设计，两侧加高护栏，保护孩子安全，适合男童。

↑粉色的公主床，HelloKitty的造型，整体房间搭配和谐，适合女童。

↑双层儿童床，带有滑梯设计，增加了孩子的乐趣，适合家里有两个儿童的情况。

　　儿童床的颜色可以根据整个房间的色调来统一，在色彩选择上最好以明亮、轻松、愉悦为选择方向，色泽上不妨多点对比色。绿色能引发他们对大自然的向往，红色会激起孩子的生活热情，蓝色则是充满梦幻的色彩。

↑孩子们喜欢热烈、饱满、鲜艳的色彩，男孩的房间中可使用蓝、绿、黄等与自然界植物色彩相接近的配色方案。

↑女孩的房间可以选择以植物花朵为主色的柔和色系，如浅粉、浅蓝、浅黄等。

2.书桌椅

书桌椅作为儿童房的重要组成部分，在选择时一定要严格要求，材质、安全系数等都要考虑周全，这样才能保证孩子健康、高效、快乐地进行学习。

（1）安全性

选购书桌椅，首先要考虑其安全性。书桌椅的线条应圆滑流畅，圆形或弧形收边的最好，另外还要有顺畅的开关和细腻的表面处理。带有锐角和表面坚硬、粗糙的书桌椅都要远离孩子。另外，在选择时最好能用力晃几下，结构松动、感觉摇摇晃晃的家具会造成安全问题。

↑粉色的桌椅，线条非常柔和。没有锐角，表面光滑。桌子可以折叠，闲时可以收起来不占空间。

↑桌子、椅子和柜子都被牢固的安装在墙面上，非常安全。露出来的家具也没有尖锐的地方，实木的材质朴实有内涵。

（2）环保性

要求环保无异味，表面的涂层应该具有不褪色和不易刮伤的特点，而且一定要选择使用塑料贴面或其他无害涂料的书桌椅，因为孩子经常要接触到这里。

→塑料桌椅，无异味，脚底防滑稳固。桌角采用圆角设计，防止儿童碰撞。桌腿加厚，非常牢固。整体造型小巧可爱，为儿童身高定制，可爱的黄色、浅粉色和浅蓝色，深受儿童的喜爱。

（3）科学性

选儿童书桌椅，也得选择符合人体工程学原理的，书桌椅的尺寸要与孩子的高度、年龄以及体型相结合，这样才有益于他们的健康成长。

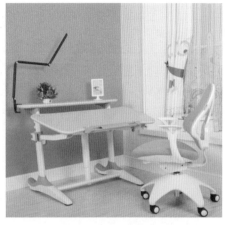

↑椅子和桌子都带有调节功能，可以适应儿童的身体变化。椅子背部的设计符合腰部和背部的曲线，能减轻压力。

↑轻巧的桌板可以随着孩子的需求随意挪动，功能齐全，带有灯架等贴心功能。椅子参照人体工程学来设计，减轻孩子学习的乏累。

（4）色彩巧协调

作为儿童房的一部分，书桌椅的选择要和房间搭调。0~7岁是孩子们创造力发展的巅峰，最好用大胆明亮的色彩激发他们的好奇心和注意力。如果选择可调节的儿童书桌椅，最好选择色彩淡雅些的，因为要陪伴孩子很多年。

↑金茶色的椅子和柜门与深蓝色的床品及桌子搭配，既给人梦幻的感觉，又充满了活力。

↑粉色与白色的搭配非常经典，象牙白的桌椅，造型简单。搭配繁复花纹的地毯与床品，一张一弛，松紧有度。

（5）造型随功能

如果单纯从儿童书桌椅的角度来选择，不要选择造型过于花哨的，一方面是容易过时，另一方面也容易分散孩子的注意力，使他们不能专注于学习，应选择造型简洁、功能性强的。

↑防水无异味，可爱的卡通造型让孩子无法抵抗。桌子采用了符合人体工程学的曲线设计。

↑实木的桌椅因其材质坚韧因而比较耐用，凳子的卡通动物耳朵惹人喜爱，简单的木桌就能满足孩子的基本需求。

→书桌和床分离，与书柜、衣柜合成一体，能加大整体家具的体量，整体家具不易松动。

←书桌与床放置在一起，可以省下一个床头柜，书桌台灯同样也能兼顾床头灯。

5.4 书房

书房是居室中私密性较强的空间，是人们基本居住条件中高层次的要求，它给人提供了一个阅读、书写、工作和密谈的空间，虽然功能较为单一，但对环境的要求却很高。首先要安静，其次要有良好的采光和视觉环境，使人能保持轻松愉快的心情。书房是学习和工作的地方，要求宁静并确保私密性，所以书房一般选择在居室中较安静的空间里。书房中的主要家具是写字台、办公椅、书橱和书架。

←书房区域主要需要的家具有：书柜、座椅、电脑桌或者写字台等。在这些家具造型以及它们的色彩上争取选择成套的家具，可以很好地营造出一种学习以及工作的氛围。

1.写字台

写字台即书桌，如有条件最好呈L形布局，这样不仅扩大了工作面，可堆放各种资料，还能产生一种半包围的形态，使学习区更加幽静。这种L形的写字台还可用于放置电脑，不影响书写，较为实用。一般写字台都靠窗摆放，且习惯把写字台平放在窗台下，以取得较好的采光效果，其实这样并不科学。最好将写字台的左侧面靠窗，这样光线就从书写者的左上方照射下来，不会因右手书写而遮挡光线。

↑L形的书桌适应任何角落以及过道，只要有墙面，搭上搁架就会是很不错的书房工作区域。橡木材质，经久耐用，颜色百搭。

↑北欧铁艺风格的黑色书桌，搭配同系列的椅子和置物架，风格得到了统一。钢化玻璃桌面，非常扎实，同时给人轻透的感觉。

↑新中式风格的书桌非常典雅。搭配配套家具，更能彰显其魅力。白蜡木材质，木面呈明显的山峰和水波纹，具有意境美。

2.书架

书架的放置并没有一定的准则，非固定式书架只要取书方便的场所都可安置；人墙式或吊柜式书架，如果空间利用较好，也可以与音响装置等组合使用；半身书架靠墙放置时，空出的上半部分墙壁可以配合壁挂等装饰品一起布置；落地式大书架，有时可兼作隔断使用，因为摆满书的书架其隔声性能并不亚于一般砖墙；存放珍贵书籍的书橱应安装玻璃门，可以是推拉式，也可平开式，这应视书房面积大小而定。

↑铁艺书架兼具实用与装饰功能。既可以放书也能摆放装饰品，线条细腻，带有北欧风格。

↑树形书架造型非常时尚，三脚架设计加强稳定性。自由组合，可根据书的数量增加书架大小。

书橱和书架设计不宜过宽，否则放一排书浪费空间，放两排使用起来又不方便，不易抽取。书橱和书架的搁板要有一定的强度，以防书的重量过大，造成搁板弯曲变形。书橱旁边可摆放一张软椅或沙发，用壁灯或落地灯作照明光源，这样可以随时坐下阅读、休息。休息沙发一般放在入门的一侧，面向窗户最好。在学习、工作疲劳时，可以抬头眺望窗外，有利于消除工作时给眼睛带来的疲劳。

↑宽广的落地窗旁就摆放着大型的书橱，储物功能非常强大，看书闲暇之余，眺望窗外可消除疲劳。

↑常用的黑漆铁艺与原木的结合，散发着北欧简约魅力。搁板分隔恰当，两边可摆放绿植增强装饰性，而中间可以随意放书。

5.5 卧室

卧室是完全属于使用者的私密空间，纯粹的卧室是睡眠和更衣的空间，由于每个人的生活习惯不同，读书、看报、看电视、上网、健身、喝茶等行为都要在这里作尽量地完善。主卧室是夫妻睡眠、休息的空间。在装饰设计上要体现夫妻共同生活的需求和个性，高度的私密性和安全感也是主卧室布置的基本要求。主卧室要能创造出充分表露夫妻共同特点的温馨气氛和优美格调，使生活能在愉快的环境中获得身心满足，家具以简洁、适用、和谐为原则。

→床头创造出了视觉中心，其他皆围绕此作搭配。灰色床垫，纯白色床品，简约的床头柜及装饰画都透露出居室的静谧氛围。造型时尚的黑色椅子作为点缀非常恰当。

1.床架

床不仅消除了我们的疲倦，而且好的床垫搭配优质的床架，才能将床的功能完美发挥出来。

（1）木质床架

木质床架取材大自然，透气性极佳，让人倍感舒适温馨，睡在这样的床上，仿佛有种与自然亲密接触的感觉。在木材的选择上又可以分为软木和硬木，硬木密度紧、质地重、色泽较深重，是适合长期使用的优良材料；而软木则由于色泽淡雅舒适，符合现代人的审美观，成为时代的新宠。

↑木制床架与卧室中其他家具搭配，在整体上能够产生协调的柔和之美。此款可折叠的床架非常便捷。

↑胡桃木材质，纹理清晰美观。整体造型简约时尚，给人稳重的感觉。配有抽屉，储物功能完备。

↑头层牛皮与橡胶木结合，搭配精致雕花与优美曲线，带有新古典风味。独特的香槟色加以水钻点缀，奢华气息浓厚。

（2）铜制床架

铜制床架以其金碧辉煌的外表、华丽的装饰和繁复的工艺，深受广大消费者的喜爱，在市场上曾经一度走红。但近年来，随着简约主义和自然风格大行其道，渐有江河日下之感。

←铜床一般在金属表面做一层保护膜，以免氧化变黑。铜床的优点在于弯曲性强，可以有多样的造型变化，满足人们的不同要求。

（3）锻铁床架

锻铁床架由于其散发出一种古典韵味，越来越受到一些时尚客户的喜爱。它是一种手工艺品，由于具有冷峻粗糙的质地，再搭配上浪漫的寝饰，更能突显出惬意的浪漫情怀。锻铁床材质富于延展，经过焊接处理之后，呈现紧密牢固的形体美感。

图解小贴士

床垫

　　以每天8小时睡眠计算，普通人一个晚上都会移动70多次，翻身10多次。睡眠时，脊椎的理想状态是自然的"S"形，太硬和太软的床垫都会造成脊椎弯曲，增加腰椎间盘的压力，以致睡眠中的人更多次地翻身以寻求舒服的睡眠姿势。

↑欧式复古风格，卷曲的花纹与秀美的尖角，带有典雅美。

↑北欧简约风格，繁星铁艺床，清爽透气，漫天的星球带来浪漫气息。

↑美式乡村风格，独特的水管接头造型，带有粗犷的美。

2.床头柜

　　一直以来，床头柜都是卧室家具中的小角色，经常是一左一右陪伴、衬托着床，就连它的名字也是以补充床的功能而产生的。作为床头柜，它的功用主要是收纳一些日常用品，放置床头灯。而储藏于床头柜中的物品，大多是为了适应需要和取用的物品，如药品等。摆放在床头柜上的则多是为卧室增添温馨气氛的照片、插花等，但床头柜除了功能之外的东西却被忽视了。

↑如果空间过于紧凑，挂在墙上的小巧壁柜完全不占空间，剩余空间可以给其他家具。

↑可以选择一款高颜值的椅子，根据卧室风格和整体色调搭配，能满足简单的卧室储物，比传统的床头柜小巧灵活，移动方便，节省空间。
→小推车也可以代替传统意义上的床头柜，可以根据需求想放哪里放哪里，滚动的家具还会让空间更通透。

如今，随着床的变化和个性化壁灯的设计，使床头柜的款式也随之丰富，装饰作用显得比实用功能更重要了。现代床头柜已经告别了以前不注重设计的时代，设计感越来越强的床头柜正逐渐崭露头角，它们的出现使床头柜可以不再成双成对，按部就班地守护在床的两旁，就算只选择一个床头柜，也不必担心产生单调感。

↑梳妆台变床头柜的设计布局打破了传统，在床头放上一款小巧别致的梳妆台，能储物、能梳妆，一举两得。

↑北欧风格的实木收纳柜，非常有气质。灰色的柜面与金色的铁制柜脚搭配，中和了暗色系的沉重感，增加了一些轻盈感。

↑钢化玻璃床头柜，清洁方便。搭配几何支撑的交叉设计，美观实用。人性化的防撞角设计，保护家人安全。

同时，床头柜的功能也逐渐在设计上体现，如加长型抽屉式收纳床头柜，它带有左右并列四个抽屉，可以移动位置，能够放不少物品。可移动的抽屉式床头柜，它配有脚轮，移动非常方便，一些不愿意离身太远的细小物件可以守在身边。单层抽屉床头柜，既可以陈列饰品，收纳能力也不错，而且根据实际需要，还能摇身一变成为小电视柜。同时，床头柜的范畴也在逐步扩大，一些小巧的茶几、桌子摇身一变也成为床头的新风景。

↑钢材床头柜的最大优点便是不怕潮，红色喷漆非常亮眼，可以在房间中作为点缀色摆放。

↑地中海风格的实木柜子，三层做旧。咖啡色加上彩绘，凸显自然风味。

↑实体钢筋构造编制，镂空设计，防潮防霉，整体质地轻巧，既牢固又美观。采用玫瑰金色增添了时尚感与豪华感。

3.衣柜

衣柜是卧室装修中必不可少的一部分，它不仅成为了收纳功能的一部分，而且成为了装饰亮点。

（1）推拉门衣柜

推拉门衣柜也称移门衣柜，属于整体衣柜，可嵌入墙体直接屋顶成为硬装修的一部分。分为内推拉衣柜和外挂推拉衣柜，内推拉衣柜是将衣柜门置于衣柜内，个体性较强，易融入、较灵活，相对耐用，清洁方便，空间利用率较高；外挂推拉衣柜则是将衣柜门置于柜体之外，多数为根据家中环境的元素需求量身定制的，空间利用率非常高。

↑推拉式衣柜给人一种简洁明快的感觉，一般适合相对面积较小的空间，以现代中式为主。

↑可推拉的衣柜门，轻巧、使用方便，空间利用率高，订制过程较为简便，进入市场以来，一直备受客户青睐，大有取代传统平开门的趋势。

（2）平开门衣柜

平开门衣柜是靠烟斗合页链接门板和柜体的一种传统开启方式的衣柜，类似于"一"字形整体衣柜。档次高低主要是看门板用材、五金品质两方面，优点就是比推拉门衣柜要便宜很多，缺点则是比较占用空间。

←平开门衣柜虽然没有移门衣柜那么节省面积，但其仍以唯美、优雅的造型获得了大批粉丝的喜爱。欧式和中式风格的卧室多会选择平开门的衣柜。

（3）入墙式衣柜

入墙式衣柜属于整体衣柜，和传统衣柜相比，入墙式衣柜对空间的利用率更高，和整个墙壁融为一体，比较和谐美观，不显突兀，而且由于是根据房间实际情况量身定制的，更能满足用户的个性需求，因此成为了近年来最为流行的衣柜。

为了达到更好的收纳效果，入墙式衣柜里最好多做隔板，层板之间相隔的距离不要太大，否则叠放的衣物太高，拿其中某一件衣服的时候容易弄乱其他的。个别层板可以设计成活动的，当衣物数量增减的时候，可以随时调整位置。

↑对于小户型和卧室面积不大的朋友来说，入墙式衣柜对空间的利用率会更高。由于是和整个墙体融为一体的，颜值自然比较高。

↑墙角位置充分利用，不受户型限制，让卧室整体效果更佳。顶部嵌入墙，不会有落灰烦恼。

（4）开放式衣柜

开放式衣柜也可称为开放式衣帽间，就是一种没有门的衣柜，属于整体衣柜。开放式衣柜是应现代用户需求而设计的，年轻人追求大空间的衣柜，能够存放更多衣物，方便更衣。开放式衣柜存储功能强大，开放式的结构设计简化了使用，时尚前卫。

↑充分借助家中某个空出来的位置，甚至是一个墙面，将衣柜嵌入墙中，减少空间的占用，不全部封闭，整个柜体敞亮开放，里面的衣物明显易见。

↑看似占用空间较大，事实上如果利用墙面打造，可以充分利用卧室的高度，并不会占用多大的地方，还能延伸空间。

4.梳妆台

梳妆台是供整理仪容、梳妆打扮的家具。在卧室里，若能设计得当，它也能兼顾写字台、床头柜或茶几的功能。同时，独特的造型、大块的镜面及台上陈列五彩缤纷的化妆品，都能使室内环境更为丰富绚丽。梳妆台一般由梳妆镜、梳妆台面、梳妆品柜、梳妆椅及相应的灯具组成。梳妆镜一般很大，而且经常呈现折面设计，这样可使梳妆者清楚地看到自己面部的各个角度。梳妆台专用的照明灯具，最好装在镜子两侧，这样光线能均匀地照在人的面部。

↑不用担心户型问题，简单的结构让人用得舒适，多样的色彩和板材可以随意挑选，不占空间，更适合小户型。

↑线条感十足的梳妆台在房间中是一道亮丽的风景线，超大的台面北欧范儿十足，可以任意摆放化妆品

按梳妆台的功能和布置方式，可将之分为独立式和组合式两种。独立式即将梳妆台单独设立，这样做比较灵活随意，装饰效果往往更为突出，独立式梳妆台的功能更加齐全，收纳能力大。组合式是将梳妆台与其他家具组合，这种方式适宜于空间不大的卧室，组合式梳妆台功能受到限制，储物能力相对较小，可以与其他家具配合使用。

↑具有美式乡村风格的梳妆台，让人变身为仿佛置身于森林之间的梦幻公主，这是每个女孩子的童话梦。

↑置于卧室一角，清新的颜色让人心情愉悦，搭配木色地板，这种类型梳妆台很受年轻人追捧。

↑省去买穿衣镜的麻烦，全身镜梳妆台很是划算，巨大的镜面将整个人照映，携带的抽屉一点都不影响储物的功能。

5.6 厨房

厨房以橱柜为核心，橱柜的款式虽然每年都在发生变化，但每种风格仍具有它独特的韵味。

1.古典风格

社会越发展，反而越强化了人们的怀旧心理，这也是古典风格经久不衰的原因，它的典雅尊贵，特有的亲切与沉稳，满足了成功人士对它的心理追求。

→传统的古典风格要求厨房很大，U形与岛形是比较适宜的格局形式。在材质上，实木当然是首选，它的颜色、花纹及其特有的朴实无华为大众所推崇。

2.乡村风格

将原野的味道引入室内，让家与自然保持持久的对话，都市的喧嚣在这一角落得以沉寂，乡村风格的厨房拉近了人与自然的距离。

↑原木地板在此是极佳的装饰材料，温润的脚感仿佛熏染了大地气息，而在橱柜上则应更多选择实木。

↑水洗绿、柠檬黄是多年来都流行的色彩，木条的面板纹饰强化了自然味道，乡村风格的厨房会让生活更加充满闲适自然的氛围。

3.现代风格

现代风格流行最广泛，每个国家、每个品牌都会适时推出现代风格的款式，现代橱柜由于设计新颖、时代感强而备受推崇。

←摒弃了华丽的装饰，在线条上简洁干净，更注重色彩的搭配，在与其他空间的搭配上，这种风格也更容易。它不受约束，对装饰材料的要求也不高，这也许正是它广泛流行的原因。

4.前卫风格

前卫的年轻人追求标新立异。他们在材质上多选择当年最为流行的质地，如玻璃、金属在巧妙的搭配中传递出时尚的信息。

↑红色绝对是设计厨房的一种有趣的颜色。鲜艳的颜色利于食欲，吊灯和椅子造型前卫。

↑混凝土是最新的设计媒介，简洁到了极致，便呈现出后现代的风格，一切都变得随意自然。

5.7　餐厅

　　餐厅是日常进餐并兼作欢宴亲友的活动空间。依据我国的传统习惯，把宴请进餐作为最高礼仪，所以一个良好的就餐环境十分重要。在面积大的空间里，一般有专用的进餐空间；面积小的，常与其他空间结合起来，成为既是进餐的场所，又是家庭酒吧，和休闲或学习的空间。

　　家具的选择在很大程度上决定了餐厅的风格，最容易冲突的是空间比例、色彩、顶棚造型和墙面装饰品。根据房间的形状大小来决定餐厅餐桌椅的形状大小与数量，圆形餐桌能够在最小的面积范围容纳最多的人，方形或长方形餐桌比较容易与空间结合，折叠或推拉餐桌能灵活地适应多种需求。

餐厅
家具

←鲜绿色植物是增加餐厅活力的一个巧妙的方式。格子式的人造羊皮毛毯或天鹅绒的垫子搭配在椅子上，可以让我们在冬天获得额外的柔软和舒适。

↑长方形餐桌能坐下较多人数，适合分开独立进餐。

↑圆形餐桌对空间要求较大，适合独立大餐厅。

↑折叠餐桌适用于厨房与餐厅交界处临时使用。

1.餐桌椅

餐厅的餐桌以固定的居多，但有的可以随意翻动、拉伸，从而扩大了使用面积。中餐桌多为方形，或者在桌面上加置圆形台面呈圆桌。如果空间比较宽敞，有专用的就餐场所，就可以采用固定式餐桌了；如果房间面积较小，可采用活动式，在餐桌四周加上四块翻板，就餐人数多时就可由小方桌变成大圆桌。

↑黑白照片的应用使餐厅具有了年代感，长桌带有西式风味，花瓶与灯具的选择强调了精致的氛围。

↑一个大型灯具可以完全改变餐厅的外观和感觉，这样比较有吸引力的编织吊坠软装饰品，给人自然的气息。

2.装饰酒柜

餐厅的装饰酒柜主要起到储存餐具和装饰空间的作用，一般分为固定式立柜和组合式壁柜两种。另外，古典装饰风格的餐厅应该选择独立式台柜，这样可以衬托出主体装饰形态，不会喧宾夺主，储藏空间也非常到位。

↑壁挂酒架比较节省空间，但要注意选择材质牢固的酒架。还可以在空位处摆放绿植增加活力。

↑红苹果木色酒柜，镂空雕花的柜门带有中式风格，除了放置酒类以外还能摆放其他装饰品。

↑欧式铁艺酒柜，带有一丝乡村风格。空间大、储量大，也能作为隔断摆放在家中。

5.8 卫生间

　　卫生间是住宅中重要的功能空间，其发展状况在很大程度上反映着住宅的发展水平。受我国传统观念及经济水平的影响，住宅卫生间在很长的一段时期内没有得到应有的重视，严重影响了国人的生活质量。卫生间从原有厕所、洗漱功能的单一空间，逐渐发展成为包括盥洗、淋浴、排便、洗衣等在内的多功能空间，近年来又出现了多卫生间住宅。

↑卫生间空间面积增加和使用功能的多样化，大大提高了住宅的品位和生活质量。卫生间的主要设备由浴缸、淋浴房、洗脸盆、坐便器组成。

1.浴缸和淋浴房

　　浴缸的规格样式很多，归纳起来可分为下列三种：深方型、浅长型及折中型，而浴缸的放置形式又有搁置式、嵌入式、半下沉式三种。人入浴时需要水深没肩，这样才可以温暖全身。因此浴缸应保证有一定的水容量，短则深些，长则浅些。

↑独立式浴缸不需要砌台，甚至不需要裙边，其独特的效果，受到前卫潮人的追捧。其带来的惬意和随心所欲是普通的洗浴所无法给予的。

↑薄边圆形浴缸，亚克力材质，韧性强。红色浴缸摆放在卫生间中是一抹亮丽的风景。

↑嵌入式浴缸的台面可采用同式样的墙砖、马赛克、人造石、大理石等，靠墙安装是嵌入式浴缸最常用的安装方式。

淋浴房是现代家庭选择的一种趋势，新型的淋浴房设备趋向大型化和多功能化。与浴缸的新功能相仿，淋浴喷头也被设计成多样喷水形式，水势有强有弱、有集有散，使淋浴本身变得具有趣味性和保健的作用。淋浴房由工厂预制，功能齐全，防水性能好，有些还集淋浴、桑拿、按摩、美容为一体，适用性很强。最小的淋浴房边长不宜低于900mm，1200mm为佳，开门形式有推拉门、折叠门、转轴门等，可以更好利用有限的浴室空间。

↑磨砂玻璃打造朦胧的美感，占地面积小，搭配暖色墙体，使人心情舒畅，给淋浴过程增加了乐趣。

↑灰色的主体色显得简单大气，通过自然美感和现代设计的和谐关系彰显特色。

2.洗脸盆

洗脸盆的功能单纯，造型较自由，形体也可以小一些。洗脸盆的大小主要在于盆口，一般横向宽些，有利于手臂活动。洗脸盆兼作洗发池时，为适应洗发需要，盆口要大而深些，盆底也相对平些，洗脸盆的台面高度在780mm左右。

↑中式风格台上盆，结晶釉面晶莹剔透。手工彩绘的傲雪红梅图案，非常雅致。

↑洗脸盆外表特征较为柔和，盛水容量增加。哑光黑色带有一丝低调感。

↑天然石头打磨而成的台上盆，具有粗犷的肌理魅力，自然气息浓厚。

3.坐便器

坐便器使用起来稳固、省力，与蹲便器相比，在家庭中使用已成为主流。坐便器的高度对排便的舒适程度影响很大，常用尺寸在350～380mm。坐便器坐圈大小和形状也很重要。中间开洞的大小、坐圈断面的曲线等，必须符合人体舒适要求。目前，新型的坐便器带有许多附加功能，如自动冲洗臀部、温风自动吹干、坐圈保持温热、冬天使用不会有冷感等，对人体生理健康起到积极的作用。

↑纯色的深绿色墙壁上，用巨大的树墙贴变换卫生间模样。给人一种无以言表的治愈效果。

↑深灰色墙壁的卫生间中设置金色框架的豪华镜子。配合整体的装饰风格，很有高级感。

↑搁板上绿萝蜿蜒垂下，生意盎然，惹人喜爱，给狭小的空间增添了一丝活力。

↑如果卫生间的面积允许，可以悬挂抽象装饰画，并用多个镜面来反射，形成通透的空间感受。

↑在卫生间中摆放的绿化陈设品以工业产品为主，不放置真实的植物，受采光影响很难存活。

第6章
布艺装饰

识读难度：★ ★ ★ ☆ ☆

核心概念：窗帘、抱枕、床品

章节导读：

　　布艺在现代家庭中越来越受到人们的青睐，如果说家庭使用功能的装修为"硬装"，而布艺作为"软装"在家居中更独具魅力，它柔化了室内空间生硬的线条，赋予居室一种温馨的格调。在布艺风格上，可以很明显地感觉到各个品牌的特色，但是却无法简单地用欧式、中式抑或是其他风格来概括，各种风格互相借鉴、融合，赋予了布艺不羁的性格。最直接的影响是它对于家居氛围的塑造作用加强了，因为采用的元素比较广泛，让它跟很多不同风格的家居都可以搭配，而且会有完全不同的感觉。

6.1　布艺装饰的作用

　　室内布艺包括窗帘、地毯、枕套、床罩、椅垫、靠垫、沙发套、台布、壁布、毛巾等，无论大小凡是以布为主要材料进行加工制造的一些装饰产品都是属于布艺饰品。布艺的色彩和材质都是非常丰富的，所以它的装饰效果可以非常的突出，布艺也会表达出居住者的个人爱好及品位，所以布艺在家居陈设中的作用是非常重要、不可忽视的。

↑明黄色被应用到窗帘、沙发、地毯上，本就充满活力的颜色使得布艺更加充满热情。

↑珊瑚色的布艺沙发，粉粉嫩嫩，非常可爱，可根据喜爱更换不同颜色的沙发套。

　　在家居陈设中，布艺拥有柔软灵活的曲线，所以会使空间变得温馨，同时它可以通过一些材质的质感以及一些图案来强化业主所要表达的风格，也能够体现出不同地域特色，营造出业主想要的氛围。经过这些布艺的装饰之后，使得原有的结构更加具有一些艺术气息、更加的优美。同时布艺美观、实用、易于更换，这也就为居室提供了装饰的新鲜感。不同节日，不同季节，我们都可以利用一些装饰手法来使居住空间获得焕然一新的效果。

←清爽的颜色适合春夏季，白色的纱质窗帘满足卧室透光的要求，蓝色的遮光窗帘保护了卧室的隐私性。灰色系床品淡雅又充满了质感，浅蓝色的沙发给人清丽之感。几何纹的地毯在空间中具有异域风情。

　　布艺在软装中还有着吸声、隔断、保护隐私等各种功能，特别是在寒冷的季节，用布艺装饰温暖空间会显得尤为重要。室内的光线是可以人为营造的，对于开窗率比较大的房间来说，不妨采用不同图案的纱质窗帘，这样当光线透进来时，光影会发生变化，使得空间层次变得丰富。这样的空间如果不需要私密性或者遮光，那么单层的窗纱就足够了。

↑深绿色的布艺沙发作为客厅的视觉中心，给人眼前一亮的感觉，搭配白色簇绒地毯非常温馨。

↑青绿色的布艺沙发造型新颖，比较时尚。灰色的拇指沙发与青绿色的地毯组成了柔和的色调。

　　窗帘的较大目的在于保护隐私，室内不同的区域，对于隐私的要求程度有不同的标准。如客厅这类公共活动区域，对于隐私的要求相对较低，大部分客厅都会把窗帘拉开，因此客厅的窗帘主要起装饰功能；对于卧室、洗手间等隐私性较强的区域，人们要求看不到，这就要求消费者在选择不同窗帘时需考虑各个区域私密性的差异。如客厅可选择一些偏透明的窗帘，而卧室则应选用一些材质较厚的窗帘。

→布艺在此处应用得非常广泛，灰色布艺沙发与毛绒绒的抱枕惹人喜爱，蓝灰色系的窗帘厚重踏实，几何纹路的地毯与羊毛毯色系统一，就连易碎的镜子也裹上了一层令人安心的绒布。

6.2 地毯

由于地中海沿岸的房屋或家具的线条不是直来直去的，显得比较自然，因而无论是家具还是建筑，都形成一种独特的浑圆造型。拱门与半拱门窗、白灰泥墙是地中海风格的主要特色，常采用半穿凿或全穿凿来增强实用性和美观性，给人一种延伸的透视感。在材质上，一般选用自然的原木、天然的石材等。家具大多选择一些做旧风格的，搭配自然饰品，给人一种风吹日晒的感觉。

1.羊毛地毯

羊毛地毯泛指以羊毛为主要原材料编制的地毯，是地毯中的高档产品，一般用在高级宾馆、酒店、会客厅、接待室、别墅、国家场馆等高级场所。在家装中，也因为柔软的质地受到大家的欢迎。根据制作工艺的不同，纯羊毛地毯分手织、机织和无纺三种。手工地毯价格较贵，机织的相对便宜，无纺地毯是较新品种，具有消声抑尘、使用方便等特点。其清洁保养非常麻烦，需要到洗衣店清洗。如清洁不慎，会导致地毯缩水，使用寿命会大大缩短。因此，选择色调比较暗一点或是有花纹的会比较耐脏，这样可以每半年清洗一次，而平时就用吸尘器清理。

↑羊毛地毯价格相对偏高，容易发霉或被虫蛀，家庭使用一般选用小块羊毛地毯进行局部铺设。

↑冬天时，在家里面铺上一块羊毛地毯能够起到很好的保暖效果。羊毛地毯的热传导很低，不易把里面的热量散发出去，可以很好的保温。

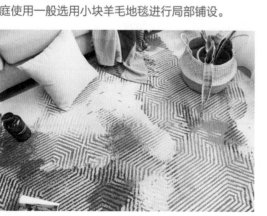

←挑选地毯时，看毯面的颜色。把地毯平铺在光线明亮处观看，全毯颜色要协调，不可有变色和异色之处，染色也应均匀，忌讳忽浓忽淡。

2.纯棉地毯

纯棉地毯分很多种，有平织的、纺线的，时下非常流行的是雪尼尔簇绒地毯，性价比较高。脚感柔软舒适，其中簇绒系列装饰效果突出，便于清洁，可以直接放入洗衣机清洗。

↑印度风格手工全棉地毯，橘红色、大地色、天蓝色都能为家里增添一丝活力。

↑全棉的雪尼尔簇绒地毯，非常柔软。因其强大的吸水性，一般会在门口放置。

↑几何图案与流苏结合，米色与灰色的组合气质娴雅。手感非常舒适，一般放置在沙发或床前。

3.合成纤维地毯

合成纤维地毯最常用的分两种，一种使用面主要是聚丙烯，背衬为防滑橡胶，价格与纯棉地毯差不多，但花样品种更多，不易褪色，考究的可以专业清洁，节约一点的话也可以用地毯清洁剂手工清洁，脚感不如羊毛及纯棉地毯；另一种是仿雪尼尔簇绒系列纯棉地毯的，形式与其类似，只是材料换成了化纤，价格比合成纤维地毯便宜很多，视觉效果也差很多，且容易起静电，常作为门垫使用。

↑化纤地毯外观与手感类似羊毛地毯，耐磨而富弹性，具有防污、防虫蛀等特点，价格低于其他材质地毯。

↑化纤地毯表面有毛丝，可以用作室内防滑地毯，而且当鞋子摩擦地毯后，地毯产生了静电，可以吸收鞋子上的灰尘。

4.塑料地毯

塑料地毯又叫橡胶地毯，是采用聚氯乙烯树脂、增塑剂等多种辅助材料，经均匀混炼、塑制而成，它可以代替纯毛地毯和化纤地毯使用。

↑大部分塑料的抗腐蚀能力强，不与酸、碱反应，耐用，成本低，容易被塑制成不同形状，是良好的绝缘体。

↑塑料地毯适用于宾馆、商场、舞台、住宅，也可用于浴室起防滑作用。

5.草编地毯

草编地毯是利用各种柔韧草本植物为原料加工编制的地毯。

↑水草编织而成，有着自然气息，感觉清新凉爽，环保健康，无污染。草编地毯防滑，经济实用、美观大方。

↑剑麻材质，非常结实。防菌防潮，阻燃防火。放置在客厅或是卧室可以调节室内温度。

图解小贴士

地毯家具搭配

使用红木或仿红木的家具，一般选用线条排比对称的规则式花形，显得古朴、典雅；使用组合式家具或新式家具，选购不规则图案的地毯，会让人感到清新、洒脱。

6.3 窗帘

窗帘是住宅家饰的必备品，一个温馨浪漫的居室环境，与窗帘的巧妙搭配密不可分。

1.窗帘的种类

（1）百叶式窗帘

百叶式窗帘有水平式和垂直式两种，水平百叶式窗帘由横向板条组成，只要稍微改变一下板条的旋转角度，就能改变采光与通风。板条有木质、钢质、纸质、铝合金质和塑料等材质。

↑扇形百叶窗，也称罗马帘，具有欧式风味。蕾丝绣花工艺，拉上的窗帘形状非常靓丽。

↑柔纱百叶窗，小清新的图案与色调，适合年轻人室内装饰。清新方便，价格便宜。

（2）卷筒式窗帘

卷筒式窗帘的特点是不占地方、简洁素雅、开关自如。这种窗帘有多种形式，其中家用的小型弹簧式卷筒窗帘，一拉就下到某部位停住了，再一拉又弹回卷筒内。此外，还有通过链条或电动机升降的产品。卷筒式窗帘使用的帘布可以是半透明的，也可以是乳白色及有花饰图案的编织物。卧室与婴儿房常常采用不透明的暗幕型编织物。

→材质为竹子，既遮强光又能通风透气。深沉的颜色在夏季带来凉意，适合多种场所，例如休闲茶馆、酒店旅馆、书房阳台等。

（3）折叠式窗帘

折叠式窗帘的机械构造与卷筒式窗帘差不多，一拉即下降，所不同的是第二次拉的时候，窗帘并不像卷筒式窗帘那样完全缩进卷筒内，而是从下面一段段打褶后升上来。

折叠方式

→细碎的桃红色小花与青绿色结合，格子纹理细腻别致。与居室整体的田园风格搭配一致，小巧的造型，仿佛掀开就是一幅春意盎然的画卷。

（4）垂挂式窗帘

垂挂式窗帘的组成最复杂，由窗帘轨道、装饰挂帘杆、窗帘楣幔、窗帘、吊件、窗帘缨和配饰五金件等组成。对于这种窗帘除了不同的类型选用不同的织物以外，以前还比较注重窗帘盒的设计，但是现在已渐渐被无窗帘盒的套管式窗帘所替代。此外，用垂挂式窗帘的窗帘缨束围成的帷幕形式也成为一种流行的装饰形式。

↑欧式风格给人的感觉端庄典雅、高贵华丽，具有浓厚的文化气息。窗帘大多以奢华大气的花纹为主，彰显优雅品位。

↑蓝色与白色的结合，内敛而含蓄，对于身处喧嚣都市的人来说，或许可以讨回一分宁静。

2.窗帘的色彩

窗帘在空间中占有较大面积，因此，选择时要与室内的墙面、地面及陈设物的色调相匹配，以便形成统一和谐的环境。墙壁是白色或淡象牙色，家具是黄色或灰色，窗帘宜选用橙色；墙壁是浅蓝色，家具是浅黄色，窗帘宜选用白底蓝花色；墙壁是黄色或淡黄色，家具是紫色、黑色或棕色，窗帘宜选用黄色或金黄色；墙壁是淡湖绿色，家具是黄色、绿色或咖啡色，窗帘宜选用中绿色或草绿色为佳。

↑深蓝色与白色相间的窗帘，与浅蓝色沙发呼应，给人静谧的感受。蓝色可以与高级灰一起营造高贵优雅的氛围。调性的叠加，将使得空间更加迷人。

↑浅灰色的墙壁，白色的床品与沙发，搭配小清新风格的窗帘，素净舒适。窗帘跟着靠垫走是最安全的选择，不一定要完全一致，只要颜色呼应即可。

3.窗帘的面料

目前，窗帘的面料主要有棉、丝、绸、尼龙、纱、塑料等。棉窗帘柔软舒适、丝帘幽雅贵重、绸帘豪华富丽、串珠帘晶莹剔透、纱帘柔软飘逸等，各有千秋。选择窗帘的质地，应考虑房间的功能，如浴室、厨房就要选择实用性比较强又容易洗涤的布料，而且风格力求简单流畅。客厅、餐厅可以选择豪华、优美的面料。卧室的窗帘要求厚质、温馨、安全，以保证生活隐私性及睡眠安逸。书房窗帘却要透光性能好、明亮，采用淡雅的色彩，使人身临其中，心绪平稳，有利于工作学习。

↑绸缎窗帘　　　　　↑棉麻窗帘　　　　　↑纱织窗帘

4.窗帘的图案与大小

　　窗帘布图案主要有抽象型和具象型两种。窗帘图案不宜过于琐碎，要考虑打褶后的效果。高大的房间宜选横向花纹，低矮的房间宜选用竖向花纹。不同年龄段的人爱好不同，客厅的窗帘颜色花样应适中；小孩房间里的窗帘花样最好用小动物、小娃娃等图案，具有童气；年轻人房间的窗帘以奔放开阔为主；老人房间的窗帘花样以安逸为主。

→深沉的咖啡色格子图案非常低调含蓄，适合中年人使用，能让人沉心静气，安置在书房能让人享受独处工作时的宁静淡然。

　　窗帘的长度要比窗台稍长一些，以避免风大掀帘，暴露于外。窗帘的宽度要根据窗户的宽窄而定，一定要使它与墙壁大小相协调。较窄的窗户应选择较宽的窗帘，以挡住两侧好似多余的墙面。

↑别墅常常具备巨大的落地窗，此时当然要挑选能覆盖到整体窗户的窗帘长度，给人气势恢弘的感觉。

↑飘窗的窗帘可以适当垂下来一些，让其底部搭在窗台上给人温馨的感觉，但不能过长，会显得累赘。

 图解小贴士

布艺装饰要点

　　注重整体风格呼应；以家具为参照标杆；准确把握尺寸大小；面料与使用功能统一；不同布艺之间取得和谐。

6.4 桌布

为了环境空间的整体装修风格一致，很多人还是会选择给餐桌铺上桌布或者桌旗。不仅可以美化餐厅，还可以调节进餐时的气氛。在选择餐桌布艺时需要与餐具、餐桌椅的色调，甚至家中的整体装饰相协调。

→桌布无论是在色彩搭配上，还是图案组合上，都表现出浓郁的民族风情，与之搭配的桌旗也可选择传统味十足的样式，这种亦庄亦谐的组合可谓相映成趣。如若是质朴的亚麻风格的桌布，那么搭配上高贵的丝绸，也能找到契合之处。

1.根据设计风格搭配

一般来说，简约风格适合白色或无色效果的桌布，如果餐厅整体色彩单调，也可以采用颜色跳跃一点的桌布，给人眼前一亮的效果；田园风格适合选择格纹或小碎花图案的桌布，显得既清新而又随意；中式风格桌布体现中国元素，如青花瓷、福禄寿喜等设计图案，传统的绸缎面料，再加上一些刺绣，让人觉得赏心悦目；深蓝色提花面料的桌布含蓄高雅，很适合映衬法式乡村风格。

↑在选择有花纹图案的桌布时，切忌只图一时喜欢而选择过于花哨的样式。可选择花纹与纯色结合，避免审美疲劳。

↑格子桌布的色调比较统一、和谐，即使是混色也显得很时尚。图案和款式都非常经典，可以用格子桌布搭配出田园风格。

2.根据用餐场合搭配

正式的宴会场合，要选择质感较好、垂坠感强、色彩较为素雅的桌布，显得大方；随意一些的聚餐场合，比如家庭聚餐，或者在家里举行的小聚会，适合选择色彩与图案较活泼的印花桌布。

↑圆形餐桌搭配上圆形桌布，桌布的颜色和图案都不必太夸张，垂坠感优良，也凸显出质感。

↑浅色系、图案简单的桌布，是最百搭的桌布。再搭配上相称的几何图形靠枕，用餐氛围瞬间不一样。

3.根据色彩运用搭配

如果使用深色的桌布，那么最好使用浅色的餐具，餐桌上一片暗色很影响食欲，深色的桌布其实很能体现出餐具的质感。纯度和饱和度都很高的桌布非常吸引眼球，但有时候也会给人压抑的感觉，所以千万不要只使用于餐桌上，一定要在其他位置使用同色系的饰品进行呼应、烘托。

↑深紫色的绒面桌布给人神秘高贵的感觉，白色的餐具点缀其中，凸显出其品质。

↑织锦缎的布料本身具有很好的色泽，让它看上去艳光四射。白色餐具中和了繁复的花纹，多了一丝简约感。

4.根据餐桌形状搭配

如果是圆形餐桌，在搭配桌布时，适合在底层铺带有绣花边角的大桌布，上层再铺上一块小桌布，整体搭配起来华丽而优雅。圆桌布的尺寸为圆桌直径加周边垂下300mm，例如，桌子直径900mm，那么就可以选择直径1500mm的桌布。

↑金色线条蜿蜒点缀于红色桌布之上，再搭配淡紫色的桌旗，富贵华丽又不失优雅。

↑针织的桌布给人一种年代感，镂空的花纹给了餐桌一种若隐若现的朦胧美。

↑黑白色的几何纹路，带来异域风情。棉麻材质打造出的质感非常深厚。

正方形餐桌可先铺上正方形桌布，上面再铺一小块方形的桌布。铺设小桌布时可以更换方向，把直角对着桌边的中线，让桌布下摆有三角形的花样。方桌桌布最好选择大气的图案，不适宜用单一的色彩。此外，方桌布的尺寸一般是四周下垂150～350mm。

←如果是长方形餐桌，可以考虑用桌旗来装饰餐桌，可与素色桌布和同样花色的餐垫搭配使用。灰色显得安静而优雅，没有华丽的外表，只有最纯粹的生活态度。

图解小贴士

意大利布艺风格

强调细腻的印染技术和艺术感，意大利的床品和它的文化一样，带着文艺复兴时期的艺术美感。意大利床品的印染技术堪称世界一流，其活性印染工艺使其色彩饱满、细节细腻。仔细观察，床套上的颜色犹如手工喷绘上去的一样，一斑一点均非常清晰。优质意大利印染床品还保持着清洗成百上千遍也不会褪色的纪录，因此将其当作艺术品来珍藏，也不为过。

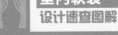

6.5 抱枕

抱枕是常见的家居小物品，但在软装中却往往有很意想不到的作用。除了材质、图案、不同缝边花式之外，抱枕也有不同的摆放位置与搭配类型，甚至主人的个性也会从大大小小的抱枕中流露一二。

1.形状类型

抱枕的形状非常丰富，有方形、圆形、长方形、三角形等。根据不同的需求，如沙发、睡床、休闲椅或餐椅，抱枕的造型和摆放要求也有所不同。

（1）方形抱枕

方形的抱枕适合放在单人椅上，或与其他抱枕组合摆放，注意搭配时色彩和花纹的协调度。

↑民族风格抱枕，给人亲切的感觉，适合作为点缀装饰。

↑素色抱枕，棉麻材质，同一色系不会紊乱，摆放在沙发上错落别致。

↑丝绸材质抱枕，绣有花鸟图案，颜色淡雅，适合新中式风格使用。

（2）长方形抱枕

长方形抱枕一般用于宽大的扶手椅，在欧式和美式风格中较为常见，也可以与其他类型抱枕组合使用。

←毛绒材质的长方形抱枕，温暖舒适。柠檬黄、宝石蓝、香槟金、桃花粉、丁香紫色系的搭配和谐又不失活力，作为点缀毛球增加了一丝童趣。

（3）圆形抱枕

圆形抱枕造型有趣，作为点缀抱枕比较合适，能够突出主题。造型上还有椭圆等立体的卡通造型抱枕。

→图案带有日本浮世绘风格，适合日式风格或者简约风格使用。

（4）其他造型

抱枕造型非常丰富，还有各种玩偶造型或是装饰品造型，甚至根据自身需要还可以定做。

各种造型抱枕		
仿生形	几何形	饰品形

第7章 绿植花艺

第8章 灯光灯具

第9章 陈设艺术

第10章 软装设计案例赏析

2.摆设原则

（1）对称法摆设

如果将几个不同的抱枕堆叠在一起，会让人觉得很拥挤、凌乱。最简单的方法便是将它们都对称摆放，无论是放在沙发上、床上或者飘窗上，可以给人整齐有序的感觉。具体摆放时根据沙发的大小又可以分为"1+1""2+2"或者是"3+3"。注意摆设时除了数量和大小，在色彩和款式上也应该尽量选择对称。

←对称摆放，不管是放在哪里，如果把几个不同的抱枕堆叠在一起，会让人觉得很拥挤。大多数人都喜欢对称放置的软装设计，就是因为这样给人的感觉会很整齐有序。

（2）不对称法摆设

如果觉得把抱枕对称摆设有点乏味，还可以选择两种更具个性的不对称摆法：

1）"$N+1$"摆法，即在沙发的其中一头摆放N个抱枕，另一侧摆放1个抱枕,这种组合方式看起来比对称的摆放形式更富有变化。

2）"$N+0$"摆法，即如果家中的沙发是古典贵妃椅造型或者沙发的规格比较小时，那么采用这种摆放方法是非常不错的选择。由于人们总是习惯性地第一时间把目光的焦点放在右边，因此在将N个抱枕集中摆放时，最好都摆在沙发的右侧。

↑ "$N+1$"摆法

↑ "$N+0$"摆法

（3）远大近小法摆设

远大近小是指越靠近沙发中部，摆放的抱枕应越小。这是因为从视觉效果来看，离视线越远，物体看起来越小，反之，物体看起来越大。从实用角度来说，大尺寸抱枕放在沙发两侧边角处，可以解决沙发两侧坐感欠佳的问题。

↑将大抱枕放在沙发左右两端，小抱枕放在沙发中间，视觉上给人的感觉会更舒适。

↑将小抱枕放在中间，则是为了避免占据太大的沙发空间，让人感觉只能坐在沙发边缘。

（4）里大外小法摆设

有的沙发座位进深比较深，这个时候抱枕常常被拿来垫背。如果遇到这种情况，通常需要由里至外摆放几层抱枕，布置时应遵循里大外小的原则。具体是指在最靠近沙发靠背的地方摆放大一些的方形抱枕，然后中间摆放相对小的方形抱枕，最外面再适当增加一些小腰枕或糖果枕。如此一来，整个沙发区看起来不仅层次分明，而且最大限度地照顾到了沙发的舒适性。

里大
外小

→整体软装风格为东南亚风格，藤制桌椅的运用，要求其布艺也相对偏向自然风。大地色系列的条纹小枕，搭配酒红色大抱枕，层次分明，风格一致，给人满满的自然气息。

6.6 床品

1.床罩

用床罩遮盖床能使卧室简洁美观。床罩的面料可选硬花棉布，色织条格布、提花呢、印花软缎、腈纶簇绒、丙纶簇绒、泡泡纱等许多种。如泡泡纱床罩，色彩斑斓，可补充室内色彩不足，其条纹清晰，起泡的布面与平滑坚硬的墙面恰成对比。但要注意床罩所选面料不宜太薄，网眼不宜过大，图案和色彩应与墙面和窗帘相协调。床罩是平铺覆盖在被子上的，在制作床罩时要根据床的大小和式样来决定选材，按照床的高度，以垂至离地100mm左右为宜。

↑带有韩式风格的蕾丝花边深得女孩子的喜爱，清丽的抹茶色，飘逸的裙摆给人纯真的美梦。

↑欧式风格床罩，肌理感强烈。宝蓝色给人奢华的质感，蕾丝刺绣工艺给人精致感。

2.床单

床单是枕巾、被子的背景，而居室的墙面和地面又是床单的背景。床单应该选择淡雅一些的图案。近年来自然色更显时尚，如沙土色、灰色、白色和绿色等，包括床单、被套、枕套、床罩在内的多件套颜色基本一致，而全套床上用品有时不可能全部换洗，这就给自由搭配提供了空间。

↑白色的床单与灰色的窗帘搭配出了极简的风格，素色的运用给人低调朴实的感觉。

↑星星图案的床单带有一丝童趣，结合姜黄色的窗帘与椅子，使得居室充满了活力。

3.被套

被套一般都选用纯棉材料，因为被套和人的肌肤贴近，纯棉制品吸汗、透气且具有冬暖夏凉的感觉。

↑明黄色的被套与飘窗上的明黄色小抱枕呼应，不会显得单一。米色和灰色作为配色，很完美。

↑粉红色的床品总是带来公主风，但是抛却蕾丝边，其淡淡的粉色甜美又不过分。

4.枕套

枕套是保持枕头清洁卫生而不可缺少的床上织物，也是床上装饰物品之一，它的面料以轻柔为好。枕套的色彩、质地、图案等应与床单相同或近似。枕套随着床罩的发展变化，款式也越来越多，有镶边的，带穗的；有双人枕套，也有单人的。枕套的种类很多，有网扣、绣花、桃花、提花、补花、拼布等，一般根据其他床上用品的选择配套布置。

↑全棉材质，公主风褶皱边设计，纯白色的枕套，给人梦幻感。

↑藕粉色的格子枕套，散发着北欧风格，时尚大方，简约不失格调。

↑丝绸质地的宝蓝色枕套，给人浪漫华丽的感觉，其独特的材质对秀发具备保护作用。

图解小贴士

床品颜色搭配技巧

如果喜欢用白色，又怕把家里弄得像医院，不如用白蓝的配色。要想营造这样的地中海式风情，必须把家里的东西，如家具、家饰品、窗帘等都限制在一个色系中，这样才有统一感。

1.银蓝+敦煌橘=现代传统

以蓝色系与橘色系为主的色彩搭配，表现出现代与传统，古与今的交汇，碰撞出兼具超现实与复古风味的视觉感受。

2.黄+绿=新生的喜悦

在年轻人的居住空间中，使用鹅黄色搭配嫩绿色或紫蓝色是一种很好的配色方案。鹅黄色是一种清新、鲜嫩的颜色，代表的是新生命的喜悦。嫩绿色是让人内心感觉平静的色调，可以中和黄色的轻快感，让空间稳重下来。

3.黑+白+灰=永恒经典

黑加白可以营造出强烈的视觉效果，而近年来流行的灰色融入其中，缓和黑与白的视觉冲突感觉，从而营造出另外一种不同的风味。在这三种颜色搭配出来的空间中，充满冷调的现代与未来感。在这种色彩情境中，会由简单而产生出理性、秩序与专业感。

第7章
绿植花艺

识读难度：★★☆☆☆

核心概念：花艺、花瓶

章节导读：

　　花艺布置，是利用各种适合在室内栽植的花卉，通过艺术手段，布置美化环境的方法。室内花艺布置是一项具有较高美学价值和科学性的艺术创作。花艺布置不是植物材料的简单堆砌，而是在满足植物的生态习性的基础上，充分发挥美学创作艺术，在居室内布置出美丽、优雅、舒适的环境。环境居室的一切布置装饰都应体现业主的喜好和品位，花艺布置作为室内装饰的一项内容，也不例外，应考虑业主的年龄、职业、性格等特点。如果居室的业主是老人，植物材料选择上应素雅和庄重。如果业主是年轻人，植物材料选择上应突出生动活泼的主题，色彩上也应追求鲜艳明快。如色彩艳丽的月季、郁金香、唐菖蒲、变叶木等。

7.1 绿植花艺的作用

花艺是通过鲜花、绿色植物和其他仿真花卉等对室内空间进行点缀，用于家居设计能够满足人们的审美追求。花艺装饰是一门不折不扣的综合性艺术，其质感、色彩的变化对室内的整体环境起着重要的作用。

←花艺可以辅助空间，使空间的表达更富有灵动性。好的花艺设计，可以成为空间的焦点，带来视觉冲击、情感认同和哲学思考，是设计精神的升华。如果软装是一篇文章，那么花艺就是点睛之笔。

摆放合适的花艺，不仅可以在空间中起到抒发情感，营造起居室良好氛围的效果，还能够体现居住者的审美情趣和艺术品位。

（1）塑造个性

将花艺的色彩、造型、摆设方式与家居空间及业主的气质品位相融合，可以使空间或优雅，或简约，或混搭，风格变化多样，极具个性，激发人们对美好生活的追求。

↑极具个性特色的木质桌台，浅蓝色瓷器与窗帘呼应，郁郁葱葱的蓝紫色花艺使得画面均衡柔和。

↑彩色的鲜花里插入浅色系木棍，突破却不突兀，与整体环境融合。

↑多彩郁金香、粉系风信子与素雅容器、浅色系空间相得益彰，起到了很好的点缀作用。

（2）增添生机

在快节奏的城市生活环境中，人们很难享受到大自然带来的宁静、清爽，而花卉的使用，能够让人们在室内空间环境中，贴近自然，放松身心，享受宁静，舒缓心理压力和消除紧张的工作所带来的疲惫感。

↑舒适的懒人沙发倚在墙角，一堆书与窗台周围的小绿植，营造了一个闲适的午后。阳光下的绿植更加光彩照人。

↑餐厅本就应该活力十足，让人食欲大开。层叠的红色果实作为装饰，加上绿植在灯光下的影影绰绰，氛围十足。

（3）分隔空间

在装饰过程中，利用花艺的摆设来规划室内空间，具有很大的灵活性和可控性，可提高空间利用率。花艺的分隔性特点还能体现出平淡、含蓄、单纯、空灵之美，花艺的线条、造型可增强空间的立体几何感。

←墙角转拐处放一把沙发椅会显得突兀，旁边没有遮挡的物体也会让人没有安全感。仅是一张小茶几，搭配一棵小绿植，太过清淡。然而搭配落地的大绿植就可笼罩出丰富的空间，让人仿佛置身于自然世界一般。

7.2 花瓶花器的挑选

1.花器的种类

花器虽然没有鲜花的娇艳与美丽，但美丽的鲜花如果少了花器的陪衬必定逊色许多。在家居装饰中，花器的种类有很多，甚至会让人挑花了眼。从材质来看，有玻璃、陶瓷、树脂、金属、草编等，而且各种材质的花器又拥有独特的造型，适合搭配不同的花卉。

↑ 玻璃花器

↑ 陶瓷花器

↑ 树脂花器

↑ 铜制花器

↑ 混凝土花器

↑ 金属与玻璃结合的花器

→把不同色泽的矿物岩石粉碎成细碎的颗粒混合在彩色水泥之中，带来更丰富的色彩感受，既现代又不失时髦文艺范，也更富有变化和生命力。大胆直接的几何形体结合粗犷的肌理感，给人质朴的感受。

↑手工陶艺花器，采取做旧的工艺，带有复古气息。搭配一枝干枯的绣球，岁月的沉淀感扑面而来。

↑草编的花篮具有田园气息，轻盈的质感适合放在许多地方。搭配小石榴非常可爱。

↑尤加利树其圆圆的叶片别具风味，种植在普通的草编花篮中，仿佛置身林间。搭配木质或竹质的轻巧家具，也能营造出越南风味。

↑花艺也并不是只有花瓶才能表达出它的美，玫瑰花藤蔓缠绕在铁门和小木桌上也非常富有风情，缠绕到哪里，哪里就生机勃勃。

↑灵感来源于古典高脚杯，铁皮制造，花纹装饰，带来古老的气息。无论是搭配干花还是鲜花都能被它衬托得更加光彩。

🪟 图解小贴士

如何选择花器

挑选花器也要根据花卉搭配的原则。可从花枝的长短、花朵的大小、花的颜色几方面来考虑。花枝较短的适合与矮小的花器搭配，花枝较长的适合与细长或高大的花器搭配。花朵较小的适合与瓶口较小的花器搭配，瓶口较大的花器应选择花朵较大的花或一簇花朵集中的花束。玻璃花器适合与各种颜色的花搭配，陶瓷花器不适合与颜色较浅的花搭配。

2.花器的搭配方法

在花器的选择上，如果家里的装饰已经比较纷繁多样，可以选择造型、图案比较简单，也不反光的花器，如原木色陶土盆、黑色或白色陶瓷盆等，而且也更能突出花艺，让花艺成为主角。如果想要装饰性比较强的花器，则要充分考虑整体的风格、色彩搭配等问题。

（1）花器与花

↑只要是花瓶高度与花枝的高度适合，都可以用柱形的花瓶。一整束的百合或是尤加利，稍稍修剪下根部，去掉下部杂叶，就可以直接放在花瓶里了。

↑北欧花瓶，口径较大，可以容纳比较多花草，适合插团状、发散状花材，不适合线条造型。若是觉得广口瓶会让枝条太散，也可以在花瓶中放一些好看的石头来稳固。

↑如果平时不会经常买花，窄口花瓶最适合，简简单单的4到5支，或者荷兰木绣球，都可以放在这样的窄口花瓶里，干净利落。

↑手工上下分色上釉，高低搭配更有层次感。瓶身本身就很漂亮，只要搭配一两只小花就能衬托出效果，不论是简约、现代、日式风的装饰风格都可以混搭。

↑细高的直筒花瓶。瓶身釉下彩手绘，很适合现代中式和新古典的家居装饰，成组搭配效果更佳。

↑浮云瓶，蓝色絮状艺术效果夹在晶体中，表面磨砂处理，仿佛置身于云端。适合搭配素雅清丽的花卉，或是一枝孤傲的禅意干花。

↑小型花瓶反倒更像是装饰，摆在那里就很好看，小小的放在桌上还不占空间。一根蕨类植物，一小枝雏菊，都可以插在小型花瓶中，成为书桌上养颜的景色。

↑布袋造型的陶瓷花器，非常新颖。打破了花器一直以来给人坚硬的感觉，布袋造型带给人柔和感，仿佛刚采摘的花卉一般。适合搭配带有果实的花卉和小绿植。

↑原木手工制作而成的花器，材质特殊，自然朴实，但要注意防水，搭配木枝和干花很适合。

↑独特的海螺造型，陶质材料。与多肉植物搭配非常和谐，特有的做旧工艺带来沧桑感。

← 一款简约的小口花瓶摆件，很适合放在电视柜、玄关柜上装饰，细口有招财镇宅之意。很适合简约现代、新中式禅意的风格装饰。造型简约，成组搭配效果更好。

（2）花器与颜色

　　无论花器质感如何，大小形状如何，花器本身的颜色是最直观的。中性色的花器比如黑、白、灰、金、银等可以与任何颜色的花材搭配。想营造淡雅的氛围就不要选择鲜艳颜色的花器，但鲜艳颜色的花器可以产生膨胀的视觉效果。所以结合家居软装的颜色，推荐尝试邻近色搭配法，如红色和橘色，同类色如草绿色和橄榄绿，互补色如黄色和紫色，带给人完全不同的视觉表达。

色彩搭配

←一只小小的透明玻璃杯，也能在应急时作为花器使用。餐桌上搭配两朵艳丽的非洲菊，让食物变得更加诱人。

↑家具饰品都表现出典型的新中式风格，此时搭配的花器一定要素雅，不可影响整体静谧的氛围。浅蓝色与褐色结合的陶瓷花盆，完美地融入了氛围中，中式插花也衬托得更加优美。

↑长长的窄口瓶如天鹅颈一般优雅，轻透的蓝色与窗帘相呼应，蓝白色系的整体装修风格，容不得一丝杂色，搭配一枝简单的蕨类植物很素净。

↑撞色系软装设计，颜色搭配一定要小心，避免过于混乱。紫色花瓶与黄色系家具搭配完美，整体风格显得靓丽多姿。

（3）花器与尺寸

如果摆放在有一定高度的桌子上，比如茶几、餐桌上，请选择高度为10～20cm的花器为好。因为从花器口开始往上算，鲜花的高度大致是花器的一半或是与花器高度相差不多。以18cm高的花器来计算，花艺作品完成后在36cm左右，这个高度是否会在业主坐在桌边的时候遮挡视线？如果答案是肯定的，那么这个花器的高度与这个位置不匹配。

↑花器与花卉组成的总体高度在19cm左右，花卉的枝干较松散，可将其摆放在餐桌一旁。

↑花器与花卉组成的总体高度在14cm左右，很适合放在餐桌上，不会遮挡视线。

如果摆放在地上，那么花器本身高度就要达到60cm左右，至少180°都可以被观赏到才完美。

↑大大的散尾葵搭配水泥花盆，其高度已接近层高三分之二，给人一种置身园林的感觉。

↑巨大的滴水观音摆放在墙角，其翠绿的叶片给人生机勃勃的感觉，能够激发人的活力。

↑植株比较高的花卉类型有蝴蝶兰，其飘逸的造型给人浪漫的感觉，洁白的颜色非常百搭。

7.3　如何布置绿植与花艺

花艺能够改善人们的生活环境，但在具体应用时，要充分结合花艺的材质、设计以及环境的格调和功能，综合考虑选择花艺，才能更好地发挥出美化环境的效果。比起艺术插花，生活插花追求的是更多的自由和随意，主要是为了增添生活情趣。或者挑一只别致的盘子，在上面放几朵茎部完全去掉的盛开鲜花，再浮两三枚点燃着的蜡烛，让水影映照着火光。或在卧室插一大束白色的满天星，细碎花朵如繁星点点，带你远离烦恼，进入梦乡。

→深绿色的透明窄口玻璃花瓶，加一点清水，便仿佛孕育了一个小花园。可爱的日光菊在花瓶中生长，它的美丽延伸到了窗户的每个角落。

1.空间格局与花艺的选择

花艺在不同的空间内会表现出不同的效果，例如，在玄关处选择悬挂式的花艺作品挂在墙面上，就能让人眼前一亮，但应当尽量选择简洁淡雅的插花作品。

↑卧室内的花艺主要以满足睡眠质量为中心，因此不可选择香味过于浓郁，或是色彩过于艳丽的花卉，一枝龟背竹既满足了装饰性又能让人静下心来。

↑在卫浴间摆放花艺，能够给人舒适的感受，但因为此处接触水比较多，所以可以选择玻璃瓶等容器。

2.感官效果与花艺的选择

花艺选择还需要充分考虑人的感官和需要，例如餐桌上的花卉不宜使用气味过分浓烈的鲜花或干花，气味很可能会影响用餐者的食欲。而卧室、书房等场所，适合选择淡雅的花材，能使居住者感觉心情舒畅，也有助于放松精神，缓解疲劳。

↑熏衣草与柳条在餐桌上的混搭别有一番韵味，熏衣草带着一丝淡淡的香味，柳条则婀娜多姿，两者为餐桌增添了吸引力。

↑卧室也可选择巨大的落地花盆摆放在墙角，搭配野芋，给室内增添了清爽的感受。床头柜上则可选择造型具有禅意的干花，气味非常淡。

↑棉花作为一种农作物，将其拿来搭配白色满天星放置在餐桌上很有丰收的意味。饱满的白色棉花桃，有种说不出的柔软，让人心情舒适。

↑书房内的花艺装饰，常常以绿植为主。绿植不会干扰人的工作氛围，还能净化空气。从书柜顶部垂坠下来的绿萝，减轻了一丝工作的压力。

3.空间风格与花艺的选择

花艺一般可以简单地分为东方风格与西方风格。东方风格更追求意境，喜好使用淡雅的颜色，以单株欣赏为主，枝叶呈自然形态，有修剪但并不显得刻意设计。西方风格更喜欢强调色彩的装饰效果，如同油画一般，丰满华贵，更多是选用插花技法来丰富效果，强调多种花卉搭配，形成绚丽多彩的视觉效果。选择何种花艺，需要根据空间设计的风格进行把握，如果选择不当，则会显得格格不入。

花艺风格

↑中式风格的花艺注重写意感、形式美，就如山水画般，若隐若现，拥有深沉内涵的美，搭配新中式风格能起到非常大的渲染作用。

↑西方风格的花艺，色彩大多艳丽，且花朵饱满，花枝大方。常常以各色玫瑰组合，制造出奢华感，能够让人感受到气氛的热烈。

↑造型精致的花瓶搭配小朵花枝，具有日式花艺风格。日式花艺往往点到即止，令人意犹未尽。然而却给人多一分则腻，少一分则寡的感受。

↑田园风格最常用的搭配则是编织花篮与满天星和勿忘我的配合了，淡淡的粉色制造出田园感，大把的花束带给人们丰富的视觉感受。

4.花材材质与花艺的选择

花艺材料可以分为：鲜花类、干花类、仿真花等。

（1）鲜花类

鲜花类是自然界有生命的植物材料，包括鲜花、切叶、新鲜水果。鲜花色彩亮丽，且植物本身的光合作用能够净化空气，花香味同样能给人愉快的感受，充满大自然最本质的气息，但是鲜花类保存时间短，且成本较高。

 图解小贴士

花材的定义

主花材是指焦点花材，名贵的、奇怪的、硕大的、比较抢眼的花材，在整个作品中起画龙点睛的作用。副花材，常用作造型的架构搭建和轮廓填充，对主花材起烘托和协调作用。补花材，能够有效地增加作品的律动感和节奏，同时填充作品的负空间。

常用室内花艺种类

玫瑰	洋甘菊	牡丹	非洲菊
跳舞兰	绣球	相思果	向日葵
玉兰	茶玫	红石榴果	丁香

（2）干花类

干花类是利用新鲜的植物，经过加工制作，做成的可长期存放，有独特风格的花艺装饰，干花一般保留了新鲜植物的香气，同时保持了植物原有的色泽和形态。与鲜花相比，能长期保存，但是缺少生命力，色泽感较差。

常用室内干花种类		
松果	蔷薇	尤加利叶
莲蓬	兔尾草	莲花
黄金球	小雏菊	蒲苇

（3）仿真花

仿真花是使用布料、塑料、网纱等材料，模仿鲜花制作的人造花。仿真花能再现鲜花的美，价格实惠并且保存持久，但是并没有鲜花类与干花类的大自然香气。发挥不同材质花的优势，需要认真考虑空间的条件，例如在盛大而隆重的庆典场合，必须使用鲜花，这样才能更好地烘托气氛，体现出庆典的品质；而在光线昏暗的空间，可以选择干花，因为干花不受采光的限制，而且又能展现出干花本身的自然美。

↑仿真猫尾谷，大多装饰在咖啡馆、面包房内，能够提升家居气质。采用绢布染色工艺，非常逼真。建议选择仿真花时，以质量为准，否则太过虚假的花，放在室内反而弄巧成拙。

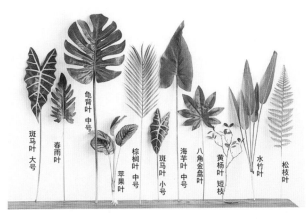

斑马叶 大号　春雨叶　龟背叶 中号　苹果叶　棕榈叶 中号　斑马叶 小号　海芋叶 中号　八角金盘叶　黄杨叶 短枝　水竹叶　松枝叶

↑仿真绿植绿叶，非常百搭，生活忙碌，无法照顾新鲜绿植的人们可以考虑此类，非常省心。

↑单一品种的仿真花，在室内陈设中会显得单一，一般单独放置在空间中特别醒目的位置，而且形体很大，引人注目。形体大的仿真花更容易制造出真实的效果，花瓣、叶片上的纹理质地很细腻，甚至超越真实花卉，成为室内软装陈设中的亮点。

↑体量较小的仿真花一般为多个品种混搭，搭配时注意色彩对比，如黄色与紫色这一对互补色的对比很强烈。此外，花盆也很讲究，不是普通塑料盆，其质感和肌理往往是陈设的亮点。

5.采光方式与花艺的选择

不同采光方式会带给人不同的心理感受，要想使花艺更好地表达它自身的意境和内涵，就要使之恰到好处地与光影融合为一体，以产生相得益彰的效果。

从上方直射下来的光线会使花艺显得比较呆板；侧光会使花艺显得紧凑浓密，并且会由于光照的角度不同而形成明暗不同的对比度；如果光线是完全从花艺的下方照射，会使花艺呈现出一种飘浮感和神秘感；在聚光灯照射下，花艺也会产生更加生动独特的魅力。尤其是在较大空间里摆放大型花艺时，应用聚光灯，会使效果更突出、更耀眼。

←枝形吊灯极富美感。整体的墙面，主色调为藕粉色，搭配粉色系熏衣草，浪漫梦幻的感觉呼之欲出。

↑异形吊灯参差的悬挂在屋顶，三色系灯光洒落在餐桌的干花上，营造了温馨的氛围。

↑工业风顶棚搭配铁艺复古吊灯，简约风格便少不了绿植，墙角是放置绿植最先考虑的地方。

第8章
灯光灯具

章节导读：

　　灯，是照明的工具，现代居家生活必不可少；灯，也是一种空间的修饰语言，可以将家居演绎得更加风情万种；灯，更是一份让人温暖的情感寄托。灯饰是软装设计中非常重要的一个部分，很多情况下，灯饰会成为一个空间的亮点，每个灯饰都应该被看作是一件艺术品，它所投射出的灯光可以使空间的格调获得大幅的提升。不同的灯配置与室内环境结合起来能够形成各种各样不同风格的室内情调，形成不同风格的环境气氛。灯具应该首先考虑功能性，方便好用；其次再考虑经济及艺术性。切忌单纯追求外形而忽略了灯具本身的功能。

8.1　灯光与灯饰的作用

1.灯光

灯光的应用对室内不同质感装饰材料的烘托和空间环境的整体装饰布局具有重要的作用。灯光根据装饰材料的色彩、透明度、光滑度、反光度、材质肌理等进行综合照明烘托，突出展现光和影之间的相互交融，往往能够使装饰材料的质感层次更加丰富。

←不同材质的装饰材料在灯光的照射下犹如魔术般奇幻，在富有节奏韵律的动态变化下使光与装饰造型完美结合，成为空间环境中宝贵的设计元素，趣味无穷。

在如今的室内装饰中，不难发现各种独特的灯光艺术主题贯穿于其中，这样的设计比比皆是，室内设计师科学通过合理地设计灯光对整套空间环境起到画龙点睛的作用，成为室内装饰强有力的催化剂，在不同环境下缔造出不同的意境。在室内设计空间环境中，不同的灯具装饰、色调、角度、照射强度能够带给人们不一样的视觉空间效果：或温暖，或压抑；或热情，或冷淡；或充满异域风情，或传统低调等，由此可见光照的感知魅力变幻莫测。

↑狭隘的走道，用吊灯装饰出神秘的氛围。清冷的色调，水泥墙面，低调又让人好奇。

↑很多人的家里都会配置有暖色光的灯，本就温馨的家庭洋溢着浓浓的幸福味道。

2.灯饰

灯饰，被亲切地称为家居的眼睛，家庭中如果没有灯具，就像人没有了眼睛。灯在家庭的位置至关重要，如今人们将照明的灯具叫作灯饰，灯具已不仅仅被用来照明，还可以用来装饰房间。

↑带有中式风格的吊灯，采用羊皮纸工艺，朦胧绰约的姿态在夜晚给人优雅的心境。

↑现在动辄十几万的一盏灯并不少见，纯水晶、镀金等各种昂贵材质的运用，让灯饰成了奢侈品，价格越来越贵。

↑沿着走道，悬挂着一排浪漫的小吊灯。文艺范的小餐厅，用宛若星河的灯饰带给顾客心灵的慰藉。

依据个体需求的不同，现代灯饰的发展方向与趋势大约有三个方面：第一方面是奢侈品、艺术品的方向发展。第二方面，作为家居点缀的装饰品。一些有个性的新贵们，还热衷于用一些怪异而另类的造型灯饰来彰显他们的独特品位。第三方面，是功能方面。现代家居灯饰的功能越来越强大，可以细化至为每一个空间量身定做，而且也更趋人性化。

📋 **图解**小贴士

利用光源配置制造自然景色

海洋景，蓝色墙面配以蓝色灯具、浅蓝灯光、浅色家具，这样的环境有开朗心境、舒缓心情的效力。森林景，以绿色墙壁配以绿色灯具及灯光，放置栗色或橄榄色家具，给人以宁静、凉爽感，使人精神放松。大地景，家具、灯具、灯光均呈土黄色，给人以稳重、广阔感，对小面积房间有利。阳光景，浅黄墙面配以橙色灯具灯光，浅色家具，给人温暖的感觉。

8.2　灯饰造型与材质

1.不同造型的灯

灯饰按造型分类主要有吊灯、吸顶灯、壁灯、朝天灯、镜前灯、射灯、筒灯、落地灯、台灯、烛台等。其中吊灯、吸顶灯、壁灯、镜前灯、射灯和筒灯是固定安装在特定的位置，不可以移动，属于固定式灯饰，而落地灯、台灯和烛台属于移动式灯饰，不需要固定安装，可以按照需要自由放置。

（1）吊灯

吊灯分单头吊灯和多头吊灯，前者多用于卧室、餐厅，后者宜用在客厅、酒店大堂等，有些空间也采用单头吊灯自由组合成吊灯组。

↑水晶吊灯。是吊灯中应用最广的，在风格上包括欧式水晶吊灯、现代水晶吊灯两种类型，因此在选择水晶吊灯时，除了挑选水晶材质外，还得考虑其风格是否能与整体空间相协调搭配。

→烛台吊灯。灵感来自欧洲古典的烛台照明方式，那时都是在悬挂的铁艺上放置数根蜡烛。如今很多吊灯设计成这种款式，只不过将蜡烛改成了灯泡，但灯泡和灯座还是蜡烛和烛台的样子，这类吊灯一般适合于欧式风格的装修。

→中式吊灯。一般适用于中式风格与新中式风格的空间。中式吊灯给人一种沉稳舒适之感，能让人从浮躁的情绪中回归到安宁。在选择上，也需要考虑灯饰的造型以及中式吊灯表面的图案花纹是否与空间装饰风格相协调。

→时尚的吊灯往往会受到众多年轻人的欢迎，适用于简约风格和现代风格空间。具有现代感的吊灯款式众多，主要有玻璃材质、陶瓷材质、水晶材质、木质材质、布艺材质等类型。

（2）吸顶灯

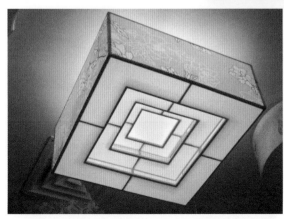

↑吸顶灯安装时完全紧贴在室内顶面上，适合作整体照明用。与吊灯不同的一点是，在使用空间上有区别，吊灯多用于较高的空间中，吸顶灯则用于较低的空间中。

↑吸顶灯常用的有方罩吸顶灯、圆球吸顶灯、尖扁圆吸顶灯、半圆球吸顶灯、半扁球吸顶灯、小长方罩吸顶灯等类型。

（3）壁灯

↑壁灯是安装在室内墙壁上的辅助照明灯饰，常用的有双头玉兰壁灯、玉柱壁灯等。选择壁灯主要看结构、造型，一般机械成型的较便宜，手工的较贵。如果环境空间足够大，壁灯就有了较强的发挥余地，无论是客厅、卧室、过道都可以在适当的位置安装壁灯。

（4）朝天灯

→朝天灯通常是可以移动和可携带的，灯饰的光束是向上方投射的，通过投射到顶棚板，再反射下来，这样能够形成非常有气质的光照背景，用朝天灯展现出来的光照背景效果要比顶棚板上的吊灯展现的要柔和很多。在软装设计中，卧室墙面和电视背景墙等几处地方使用频率比较高，为空间氛围渲染起到重要的作用。

（5）镜前灯

←镜前灯一般是指固定在镜子上方或镜子上的照明灯，作用是增强亮度，使照镜子的人更容易看清自己，所以往往是配合镜了一起出现的。常见的镜前灯有梳妆镜子灯和卫浴间镜子灯，镜前灯还可以安装在镜子的左右两侧，也有和镜子合为一体的类型。

（6）筒灯、射灯

↑筒灯是一种相对于普通的灯饰更具有聚光性的灯饰，一般是用于普通照明或辅助照明，使用在过道、卧室以及客厅周圈。

↑射灯是一种高度聚光的灯饰，它的光线照射可指定特定的目标，主要是用于特殊的照明，如强调某个很有品位或是很有新意的地方。

（7）落地灯

←落地灯一般与沙发、茶几配合，一方面满足该区域的照明需求，另一方面形成特定的环境氛围。通常，落地灯不宜放在高大家具旁或妨碍活动的区域内。落地灯一般由灯罩、支架、底座三部分组成。

（8）台灯

←台灯根据材质分类有金属台灯、树脂台灯、玻璃台灯等；根据使用功能分类有阅读台灯和装饰台灯。在选择台灯时，应以整个设计风格为主。如简约风格的房间应倾向于现代材质的款式；欧式风格空间可选木质灯座搭配幻彩玻璃的台灯，或选用水晶材质的古典造型台灯。

2.不同材料的灯

　　灯饰按照不同材质主要分为水晶灯、铜艺灯、铁艺灯、羊皮灯等类型，设计师可以根据不同的装饰风格类型和价格定位选择不同材质的灯饰。

↑水晶灯给人绚丽高贵、梦幻的感觉。最原始的水晶灯是由金属支架、蜡烛、天然水晶或石英坠饰共同构成，后来天然水晶由于成本太高逐渐被人造水晶代替，随后又由白炽灯逐渐代替了蜡烛光源。

↑铜艺灯是指以铜作为主要材料的灯饰，包括紫铜和黄铜两种材质，铜艺灯的流行主要是因为其具有质感、美观的特点，而且一盏优质的铜艺灯是具有收藏价值的。目前具有欧美文化特色的欧式铜艺灯是市场的主导派系。

↑铁艺灯是一种复古风的照明灯饰，可以简单地理解为灯支架和灯罩等都是采用最为传统的铁艺制作而成的一类灯饰。铁艺灯并不只是适合于欧式风格的装饰，在乡村田园风格中的应用也比较多。此外，铁艺灯还是现代简约风格、工业风格、混搭风格所用的室内装饰，能造就出强烈的时代气息，是现代室内装饰的百搭灯饰。但是铁艺灯不耐脏，即使是黑色、灰色灯饰也容易落上灰尘，因为金属带有静电会吸尘。

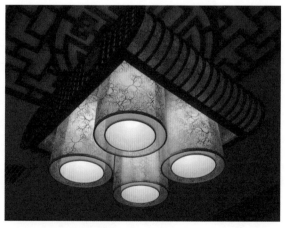

↑羊皮灯是指用羊皮材料制作的灯饰，较多地使用在中式风格中。现代羊皮灯还适用于日式风格与韩式风格，甚至用于混搭风格。市场上的羊皮灯一般是仿羊皮，也就是羊皮纸，优点是耐久性好，清洗维护方便，缺点是质地感较差。优质品牌羊皮灯大部分选用进口羊皮纸，质量较好，价格自然也就高一些，一般将羊皮灯安装在阳台或书房中。

8.3 灯饰搭配

现代设计里，开始出现了许多形式多样的灯饰造型，每个灯饰或具有雕塑感，或色彩缤纷，在选择的时候要根据气氛要求来决定。

1.明确灯饰的装饰作用

给灯饰选型时，首先要确定灯饰在空间里扮演什么样的角色，如空间的顶棚很高，就会显得十分空荡，这时从上空垂下一个吊灯会给空间带来平衡感，接着就要考虑这个吊灯是什么风格，需要多大的规格，灯光是暖光还是白光等问题，因为这些都会影响空间的整体氛围。

↑精美的吊灯，往往是客厅的首选。端庄大气的风格，会给人留下这所居室最初的印象。

↑这款台灯以装饰为主，照明为辅。未开灯时，能看到堆叠出层层纸雕的精湛手艺。在打开后，作品完全呈现不一样的氛围。

2.考虑灯饰的风格统一

在较大的空间里，如果需要搭配多种灯饰，就应考虑风格统一的问题。例如，客厅很大，需要将灯饰在风格上进行统一，避免各类灯饰之间在造型上互相冲突，即使想要做一些对比和变化，也要通过色彩或材质中的某一个因素将两种灯饰统一起来。

↑捕梦网与灯具的结合，再次呈现了少女心中的公主梦，放置在卧室中非常梦幻。

↑镂空灯具能带给人很大的惊喜感，从缝隙中透出来的绰约的花纹与图案，令人眼前一亮。

↑藤编的灯具很容易给人亲切感，蜿蜒下落的造型非常优美，放置在一角极具艺术感。

3.判断一个房间的灯饰是否足够

各类灯饰在一个空间里要互相配合，有些提供主要照明，有些是气氛灯，而有些是装饰灯。另外在房间的功能上，以客厅为例，假如人坐在沙发上想看书，是否有台灯可以提供照明，客厅中的饰品是否被照亮以便被人欣赏到，这些都是判断一个空间的灯饰是否已经足够的因素。

↑在娱乐空间里，其灯饰往往非常具有创意，无论是颜色还是造型的选择都非常大胆，目的在于装饰，而照明则使用隐蔽的筒灯来完成。

↑巨大的吊灯虽然设计比较复杂，但其基本的照明功能并不差，满足客厅的照明绰绰有余。

4.利用灯饰突出饰品

←如果是想突出饰品本身而使其不受灯饰的干扰，那么内嵌筒灯是最佳的选择，这也体现了现代简约风格的手法；在传统手法里，可以将饰品和台灯一起陈列在桌面上，也可以将挂画和壁灯一起排列在墙面上。

图解 小贴士

客厅灯光运用

客厅是家居空间中活动率最高的场所，灯光照明需要满足聊天、会客、阅读、看电视等功能。客厅灯具一般以吊灯或吸顶灯作为主灯，搭配其他多种辅助灯饰，如壁灯、筒灯、射灯等，此外，还可采用落地灯与台灯作局部照明，也能兼顾到有看书习惯的业主，满足其阅读亮度的需求。

挂画、盆景、艺术品等饰品可采用具有聚光效果的射灯进行重点照明，沙发墙的灯光要考虑坐在沙发上的人的主观感受。太强烈的光线容易造成眩光与阴影，让人觉得不舒服，如果确定需要射灯来营造气氛，则要注意避免直射到沙发上。

第9章
陈设艺术

章节导读：

　　工艺饰品在每一个空间中都是必不可少的元素，体积虽小，但能起到画龙点睛的作用。环境空间有了工艺饰品点缀，才能呈现更完整的风格和效果。选择合适的工艺饰品可以烘托一种氛围。自古字画是被誉为宝，所以可以在家中的墙壁上挂上寓意较好的字画，或家人的照片，都能营造富贵温馨的气息。

9.1 书画艺术

1.书法作品

　　书法作品历来都是室内装饰和陈设的重要内容。书法的装裱是以纺织物纸作底褙，将书画作品配上边框，再加木质轴、竿等对书画进行装潢、保存的一种方法。书画装裱样式有立轴、横批、屏条、对幅、镜片等。

↑书房、餐厅挂竖幅、横幅字画装饰皆可，横幅字画作品挂画高度以画心处于人的视线或高出100mm上下均可。

←玄关和走廊，多选择斗方或者是竖幅山水字画作品，而且挂画位置下面没有桌椅、沙发等家具阻挡，竖幅字画的悬挂高度为字画下方距离地面1200mm左右，防止家中小孩子碰触到。

→室内挂字画装饰最重要的一条是上不碰顶，是说挂的字画顶部不能触碰到房屋的顶部，要留有一定的距离。室内挂字画装饰要让家人感觉舒适雅致，同时也要防止家中的小孩碰伤，这样在家里挂字画装饰就能装饰出美丽雅致的家。

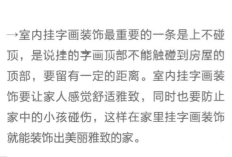

2.装饰画

目前市场上常见的装饰画品种有油画、水彩画、烙画、镶嵌画、摄影画、挂毯画、丙烯画、铜版画、玻璃画、竹编画、剪纸画、木刻画等。由于各类装饰画表现的题材和艺术风格不同，因此选购时要注意搭配相应的画框，看是否适合自己的需要。目前市面上的装饰画大体上分为：热情奔放型、古朴典雅型、贵族气质型、现代新贵型、现代时尚型、古色古香型六种。

↑居室内悬挂的装饰画不在多而在精，同一面墙上若需要挂三幅画，可采用平视一字形和逐渐升高的梯形排列。一字形看起来整体性强、简洁大方，梯形排列则显得错落有致、富有层次变化。

↑有时候装饰画也并不一定要放在墙上，倚靠在墙面有一种随意的感受。

↑在选购装饰画前，一定要丈量好家里墙面的面积。墙壁留出一片空白更能突出整体的美感。

↑在餐厅内配一幅色彩艳丽的画，会带给你愉悦的进餐心情。质感硬朗的实木餐桌，与装饰画的风格、色彩搭配得当，就能营造出相得益彰的就餐感受。

↑一对座椅通常放在客厅边角，在选择装饰画时常常以茶几与矮柜为中心。中性色和浅色座椅适合搭配暖色调的装饰画。

9.2 器皿摆件

1.厨房餐具

市场上的餐具琳琅满目、品类繁多，消费者经常为不知如何挑选优质的餐具而犯愁。目前市场上的餐具材质大致可以分为陶制品、骨瓷制品、白瓷制品、强化瓷制品、强化琉璃瓷制品、水晶制品、玻璃制品等。

→餐具以实用健康为主，再考虑到其风格与室内整体的搭配，现在成套的餐具基本能满足一般家庭使用。例如，骨瓷的质地坚硬，材质环保健康，轻盈通透，非常百搭。

↑一套充满质感的酒具，在招待朋友时令人倍感幸福。粉嫩圆润的外表，仿佛樱花一样芬芳。

↑冰裂釉内面与具有磨砂感的外部结合，刚柔并济，清丽淡雅的颜色，食欲仿佛也得到增加。

↑欧式餐具常常给人奢华的感觉，金色与浅蓝色的使用，流畅的线形，让用餐也变得有仪式感。

↑典型的海浪图案为餐桌带来海洋气息。

2.装饰摆件

装饰摆件就是平常用来布置家居的装饰摆设品，按照不同的材质分为木质装饰摆件、陶瓷装饰摆件、金属装饰摆件、玻璃装饰摆件、树脂装饰摆件等。装饰摆件的形体较小，可以不必考虑室内设计风格，完全凭着业主的喜好来选择，材质、色彩可以更加活跃，根据空间氛围适时搭配，也可以随时更换。

摆件
选用

↑木质装饰摆件是以木材为原材料加工而成的工艺饰品，给人一种原始而自然的感觉。

↑金属工艺饰品，具有结构坚固、不易变形、比较耐磨的特点。金属工艺饰品风格和造型可以随意定制，以流畅的线条、完美的质感为主要特征，几乎适用于任何装修风格的家庭。

↑玻璃装饰摆件的特点是玲珑剔透、造型多姿，还具有色彩鲜艳的气质特点，适用于室内的各种陈列。

↑树脂装饰摆件可塑性好，可以被塑造成器皿、动物、人物、卡通等任意形象，以及反映宗教、风景、节日等主题。

↑水果造型的陶瓷摆件，给人厚重朴实的感觉，独特的质感与颜色，让人忍不住想触摸。

3.家居工艺饰品布置原则

工艺饰品的合理布置给人带来的不仅仅是感官上的愉悦，更能健怡身心，丰富居家情调。

（1）对称平衡摆设

←将一些家居饰品对称平衡地摆设组合在一起，让它们成为视觉焦点的重要一部分。例如可以把两个样式相同或者差不多的工艺饰品并列摆放，不但可以制造和谐的韵律感，还能给人安静温馨的感觉。

（2）注意层次分明

←摆放家居工艺饰品时要遵循前小后大、层次分明的法则，把小件的饰品放在前排，这样一眼看去能突出每个饰品的特色，在视觉上就会感觉很舒服。

（3）尝试多个角度

←摆设家具工艺饰品不要期望一次性就成功，可以尝试着多调整角度，这样或许就可以找到最满意的摆放位置。有时将饰品摆放得斜一点，会比正着摆放效果要好。

（4）同类风格摆放

→摆放时最好先将家居工艺饰品按照不同的风格分类，然后取出同一类风格的进行摆放。在同一件家具上，最好不要摆放超过三种工艺饰品。如果家具是成套的，那么最好采用相同风格的工艺饰品，色彩相似效果更佳。

（5）利用灯光效果

→摆放家居工艺饰品时要考虑到灯光的效果。不同的灯光和不同的照射方向，都会让工艺饰品显示出不同的美感。

→暖色的灯光会有柔美温馨的感觉，树脂材质的花盆放在餐桌上，为客厅增添了一分活力的气氛。如果是水晶或者玻璃的工艺饰品，最好选择冷色的灯光，这样会看起来更加透亮。

（6）亮色单品点睛

↑整个硬装的色调比较素雅或者比较深沉的时候，在软装上可以考虑用亮一点的颜色来丰富整个空间。例如硬装和软装是黑白灰的搭配，可以选择一两件色彩比较艳丽的单品来活跃氛围，这样会带给人带来不间断的愉悦感受。

↑黄色窗帘与黄色的沙发椅相呼应，为避免白色的桌子被淹没，采用了同色系的小台灯来点亮空间，台灯造型别致，丰富了空间氛围。

↑整体餐桌的颜色较暗淡，虽然银色的花瓶不突出，但是其独特的色调和质感，仍然引人注目。

第10章
软装设计案例赏析

识读难度：★ ☆ ☆ ☆ ☆

核心概念：咖啡厅、餐厅、室内家居

章节导读：

　　"软装"这个词汇兴起也就两三年的时间，大多数人对软装的概念很模糊，不知道哪些居室设计算是软装？哪些空间需要软装？其实有四种特定空间必然会出现软装设计。包括商业空间、住宅空间、办公空间和样板空间。最常见的软装空间就是楼盘样板间。作为楼盘销售过程中的重要因素，样板房是以展示促销为目的，把生硬的室内硬装设计变得有人情味，吸引顾客的眼睛，是软装设计的中心思想。这四个空间都是需要软装的，它们在整体软装领域占有80%的比重。也因为用途不同，在软装设计时有迥异的设计手法与要求。做软装设计前可以先为空间分类再寻找擅长的设计师。

10.1　咖啡厅

近几年，我国各大城市涌现了大量的咖啡厅，咖啡文化正在不断地壮大，而咖啡厅就是体现咖啡文化的空间载体。咖啡厅的设计要给顾客营造出一种温馨、私密的交流空间,给人留下印象深刻的记忆，才能进一步地实现营销效果。而软装家具则是实现这一特殊功能的单体，通过软装家具的颜色和造型来营造咖啡厅的风格，分隔咖啡厅的空间功能，组织空间流线。

←咖啡厅的风格要靠氛围来营造，而墙面是氛围铺垫的重要因素。按照喜欢的风格，可以选择相应的颜色，也可以选择一些个性的材料，比如清水砖、文化石，亦或者墙面彩绘、照片墙。墙面装饰完成以后，咖啡厅的情调已经成功塑造出一半了。该咖啡厅的整体装修风格为复古风格。墙面大多运用了砖墙或者木质墙面，质朴中带有年代的回忆感。墙上的装饰画，也采用了复古的题材。木质桌椅与铁质锻打的椅子相结合，浪漫温馨的氛围很适合一人静静地看书或者与三五朋友小聚一场。

↑要想咖啡厅勾出顾客的慢生活情怀，选择舒适而有温度的家具摆设非常重要。选择一些复古的、森系的、异域的家具和软装来装点咖啡厅，会让人们自然而然地产生岁月静好的松弛感，让精神放松，让咖啡厅更有故事感。

→咖啡厅大多色调暗淡，以此营造一种充满安全感的温馨氛围，咖啡馆常见的铁艺吊灯或复古灯，即使是在白天也是一道美丽的风景线。

10.2　服装店

　　服装店的软装设计需要与市场结合得更为紧密，时效性也比其他类别项目更强，特别是卖场展示空间，快速理解并设计体现品牌的软装氛围是对设计师的一大考验。服装店中的软装设计就是在当今多元化的审美观和消费价值观下，为消费者在视觉、理智和情感的各种欲望营造满足感。软装虽然是装饰品的整合，但是这些软装设计给空间带来的情感升华，就是让消费者获取更多的附加值。软装让整个服装店丰满起来，让消费者获得产品之外的氛围美的享受。

↑这是日本的一家服装店，店面设计独具特色。从外面看，整个服装店像一个待拆开的礼物盒，引诱着人们的购物欲望，想进去一窥究竟。

↑服装店设计较为简洁，橙色与绿色的结合使得整个服装店充满了活力，而这两种颜色也能很好地激发消费者的购买欲望。沙发的设计也彰显了日本家具的简洁风格。

↑鞋品区将每一件商品都当作艺术品一样设置了展览台，橙色的展览台以一定的规律展开，鞋类商品也依次排开，不会显得杂乱，简洁不失设计感。

↑服装区的服装少而精致，看似毫无规则，实则与店面设计完美地融合在一起。金色的墙面设计，暖色灯光与之辉映，使得服装具有高级感和质感。

10.3　酒吧

　　现代人在工作、学习累了之后，喜欢到酒吧等休闲娱乐的场所放松心情。酒吧既然是娱乐的场所，那么就一定要通过环境来调动人们的情绪，最好是可以刺激人们进行消费。酒吧环境在色彩的选择上，可以艳丽，也可以低调，灯光、音乐、屏幕等都要富有特性，让人置身于其中，能够感受到一场不一样的试听盛宴。酒吧宜人的环境对他们而言，甚至比打折的吸引力更大一些。酒吧装修可以打造变幻莫测的空间，不管是酒吧的主场，还是一些看似无关紧要的功能区域，其实都要换位思考，从消费者的角度去设计，消费者认同了酒吧，自然在消遣的时候，获得的快乐就更多一些。

←从酒吧装修风格的把握上，需要和城市的主流相匹配，如果能拥有自己的文化特色，那么就更能吸引人，并带来更多的共鸣。该酒吧入口设计极具特色，墙体用砖石打造出深厚的文化底蕴感，拱形的石门添加了酒吧神秘的气氛。在很多人的概念里，酒吧往往大气奢华，但该酒吧的设计走向了小资风范，低调却不失其韵味。蜿蜒而入的石门，似乎带着顾客进入了一个神秘的世界。

↑酒吧整体的色调，主要为温馨浪漫的颜色，通常浅色系的颜色使用得会比较多一点，但也不是单纯的颜色拼凑。该酒吧的墙面为浅色，家具大多为浅色系，且材质为木材，质朴感中透露出温馨浪漫的感觉。

↑选择深色的背景也是可以的，而较浅的颜色与之形成强烈的对比，在良好的灯光效果照射下，投射在酒吧器皿上的光，反而增加了其立体感。

↑各种各样的材料都是可以大胆用来尝试和运用的，关键是要将肌理调节好，带给人视觉上的冲击力，让人为酒吧的环境所吸引。通常会选择金属、木质、布艺等这些材料，虽然不贵重，但是却非常抢眼。

→酒吧包间，更要具有亲和力。包间中的桌椅也可以融入一些富有创意性的成分，可以去市场上寻找，还可以充分发挥自己的聪明才智，设计出独一无二的，专属于自己的桌椅。

↑酒吧最初主要集中在一些乡村地区，是一种人们聚集的场所，装修并不豪华，但是非常接地气，所以要想让酒吧更富有特色，就应该始终遵循这点，让其带有一定的乡村气息。

↑酒吧里的人尽管身份不同，社会地位不一样，但是来到这里就是为了一个目标——放松、享受、倾听美好的音乐。富有创意的酒吧，让进入其中的人，一眼就能感受到其与众不同之处，来这里第一秒就会爱上。

10.4　餐厅

　　软装在餐饮空间设计中是一个非常重要的内容，其形式多样、内容多彩、范围广泛，起着其他物质功能所无法替代的作用。餐厅软装在造型上常常以大统一、小变化为原则，协调统一、多样而不杂乱。在直线构成的餐厅空间中故意安排曲线形态的陈设或带有曲线图案的软装，使用形态对比而产生生动的感受。采用有一定体量的造型雕塑或者是现代陶艺作品作为软装，在餐厅软装设计中也很常见，这些软装不仅提高了环境的品位和层次，还创造了一种文化氛围。从餐厅设计的整体效果出发，以取得统一的效果为宗旨。采用与背景质地形成对比效果的软装，突出其材质美是一种常见的手法。

↑餐厅的软装要能表达一定的思想内涵和精神文化，才能给客人留下深刻的印象。该餐厅以农家菜为特色，在其软装方面尽显其风味。墙壁的大蒜本为食材，不同颜色的大蒜头串在一起，并列挂在墙上，竟也成为一道亮丽的景色。

↑墙壁的玉米串成一挂，树下的木质桌椅看似随意摆放，实则有一定的规律。如此浓烈的农家氛围，好像人们正坐在乡村田野间用餐一般。色彩是营造室内气氛最生动、活跃的因素，暖色的灯光可以增强人的食欲，令人舒适惬意。

↑墙上的旧报纸使餐厅散发出年代感。盘子被独具创意地粘贴在墙上，并且花纹采用中国传统的青花，营造了一种浓浓的文化气息。文化与餐饮的结合，碰撞出别致的火花。

↑墙面上垒砌的整个原木让墙面有了温度，原木桌上摆放的做旧的酒坛，散发着独特的农家气息，别具一格的中国传统碎花沙发，实为整个餐厅中的一点红，点缀了餐厅的古朴氛围。

10.5　酒店

　　休闲娱乐空间众多，以酒店为例。酒店作为商业场所，其存在价值在于商业利益，追求利润最大化。酒店软装设计的目的也是为了通过优质的酒店软装设计效果增加酒店自身的魅力，作为一张免费的"名片"，吸引客人初次或二次光顾，增加收入。因此，酒店软装设计十分重要。酒店的定位一定要明确，并持之以恒地贯彻下去。要从酒店的功能区、舒适度、管理便捷性等多方面对酒店进行定位，列出详细、可操作性强的清单与标准，对于避免错误、减少损失是十分有必要的。如果酒店定位于中高端的星级酒店，那么就要在预算上稍微放松，要记住，最大的浪费是建好后不满意重新来过，这样的费用比开始就使用豪华材料要浪费得多。实用要与装饰相结合，酒店无论多么重视装饰效果，如何追求装饰上的"星级"感，吸引客人眼球，实用性永远是基础，是绝对的核心。

↑泰国曼谷香格里拉酒店是一个独特的休闲空间，其软装设计能从人的感官出发。该酒店外，设有舒适的桌椅及特色小吃，绿植与灯光在夜色下相互辉映，加上浪漫的湖景，令人得到非凡的感官体验。

↑整体灯光采用暖色调，很符合空间功能的特征。放上蜡烛与鲜花，独具浪漫的泳池引人注目。家具线条流畅，墙面自然纹饰，浮夸却不过度。

↑酒店的802间豪华客房分别设在两座邻近之翼，分别是香格里拉之翼与曼谷之翼。从房间都可观赏河流或城市景色。

↑美丽的花园景色给人最极致的自然风光感受。室内喷泉、花艺、绿植、吊桥，竭尽所能地为顾客展现一个理想的优质住宿环境。

→房间内软装以泰式饰品为主,家具配置欧式风格,能吸引更多外国客人。

↓房间以传统泰国风格为主,包括丝绸与柚木装饰。

↑舒适度作为酒店所有客房首要标准,一切设施都以此为目标。该酒店客房将经典纽约风格与现代风情及舒适性完美融合,给人留下深刻的印象。配备高品质的家具和设施,可满足最为挑剔的住客需求。墙面铺就纯棉地毯,与宗教寺庙中的花形图案有异曲同工之妙。

10.6 办公空间

办公空间较早是从西方古代的宫殿或大型庙宇引入的概念。办公空间软装是指对办公空间整体的规划、装饰。在符合该办公行业特点、使用要求和工作性质的前提下，对办公空间做出不同装饰设计。一般办公空间设计分为会议室、经理室、前台区域和集体办公空间。在设计办公空间时，首先要对企业类型及企业文化进行深入的了解，使设计具有个性化与生命感。其次要了解企业内部机构的设置及其相互的联系，才能确定各部门所需面积设置和规划好人流线路。再次，针对办公空间装修设计要有前瞻性的考虑，必须注意规划通信、计算机及电源、开关、插座等整体布线的整体性和实用性。最后，应尽量利用简洁的建筑手法，在规划灯光、空调和选择办公家具时，充分考虑其适用性和舒适性。

←前台接待区装修设计应该考虑到合理性问题，合理划分行动区域，尽量能够引导来访者简短、直接地走进接待室。接待区设置的数量、规格要根据企业公共关系活动的实际情况而定。接待区要提倡公用，以提高利用率。接待区的布置要干净美观大方，可摆放一些企业标志物和绿色植物及鲜花，以体现企业形象和烘托工作气氛。

↑会议室一般是指供开会用的空间场地，同时又是放置会议电话设备的场所，因此会议室的设计合理性会决定会议电视图像的观看效果，也直接影响了开会的效率。

↑在办公空间装修软装当中经理办公室设计是相当重要的，一个好的经理室软装能充分地反映企业的整体实力，同时也能显示出企业的发展与经营情况。

→茶水间是办公空间的一部分，它是属于员工放松休息的空间范围。在设计时要注重突出其轻松自在的氛围。椅子上的选择简单大方，椅子的靠背较低，略显舒服。墙的装饰和地面的铺设活泼大方，突出其随意性。

→现在许多商业办公室装修采用通透式家具，它将数件办公桌相互连接，在布局中将这些小组整齐排列，使其设计在变化中达到合理的要求。

→花卉和植物是世界上唯一百看不厌的东西。在办公室软装设计中可以在自己座位附近摆设一些或大或小的与周围环境搭配的花卉和植物，让所有靠近你的人都有好心情，让气氛祥和，办公效率大大提高。

10.7　住宅

　　软装设计在家居装修中至关重要。在一个空间里，首先必须满足功能上的要求，同时又要追求美观，保障安全。室内用品要满足使用功能、安全系数及美观效果的要求。这些用品必须根据其价值、使用功效以及主人生活需求的特点来确定大小规格、色彩造型、放置位置以及同整个家居空间的关系比例、协调程度等，这些均得在装潢施工前考虑。软装设计将直接体现家居装修的效果，它能柔化空间，增强室内装饰的虚实对比感，营造室内装修的艺术气氛，突出装饰风格。在软装实践中，要根据家居空间的大小形状、装饰投资和业主的生活习惯、兴趣爱好，从整体上来综合策划装饰设计方案。在确定整体设计风格的前提下，对每一个空间设计均要重视软装的设计。

↑东南亚风格家居空间的卧室采用很简单的装修，一顶红色的吊灯作为点缀，使得卧室简单却不单调。家具具有浓厚的古朴气息，床品的花纹与抱枕搭配融洽，营造了温馨舒适的氛围。

↑客厅的装饰以绿色和紫红色为主，抱枕和桌布色彩极为丰富，并与窗帘互相呼应。增加绿植和木质椅子的搭配，让空间有了层次感，呈现了鲜活而静谧的东南亚印象。

🏛 图解小贴士

住宅软装设计重点

　　首先，颜色是视觉关键，颜色根据风格来确定，中式风格宜采用彰显古朴、稳重的木色、黑色、红色；现代风格宜采用彰显青春活力的蓝色、果绿色。接着，家具和装饰构造的造型要与家庭成员的文化程度匹配。追求装修材质的多样性，与软装饰品结合起来，在细节处体现出来。此外还要人工照明与自然采光搭配，将重点工作区集中照明。最后，选购的饰品以不占地面或台面面积为佳，如抽象但不显得神秘的装饰画，至少要能让人看懂，不能选购表意不明的装饰画，以免带来歧义。

↑东南亚风格是典型的热带装饰风格，书房鲜艳跳跃的色彩也抵挡不住天然材料家具所带来的清雅氛围。

↑深绿色的墙面作为基调，配合石纹的地面，在家的入口处营造了一条幽静的通道。在东南亚风格中暖色光源可以带来寺庙中的环境氛围。射灯的光洒在画上，再添加一盆鲜活的绿植，祥和又不失活力。

↑收纳柜用天然木材所制，瓷瓶与绿植的配合非常和谐，凸显了东南亚风格崇尚自然的特色。

←厨房的设计极为简单，仍然是利用极具自然特性的绿色瓷砖装饰墙面，橱柜选择实木材料，配合金黄色的玻璃门，乏味的厨房也添加了趣味。

↑墙面的绿色瓷砖与实木的浴盆，以及墙角的绿植，都使得卫生间充满了自然特色。若是配以布艺窗帘则会显得不融洽，而黑色百叶窗的配合，保留了卫生间的原有氛围。

参考文献

[1] 简名敏. 软装设计师手册 [M]. 南京：江苏人民出版社，2011.

[2] 严建中. 软装设计教程 [M]. 南京：江苏凤凰科学技术出版社，2013.

[3] 许秀平. 室内软装设计项目教程：居住与公共空间风格元素 流程 方案设计 [M]. 北京：人民邮电出版社，2016.

[4] 吴卫光，乔国玲. 室内软装设计 [M]. 上海：上海人民美术出版社，2017.

[5] 招霞. 软装设计配色手册 [M]. 南京：江苏凤凰科学技术出版社，2015.

[6] 叶斌. 新家居装修与软装设计：玄关 餐厅 卧室 [M]. 福州：福建科学技术出版社，2017.

[7] 叶斌. 新家居装修与软装设计：简约客厅 [M]. 福州：福建科学技术出版社，2017.

[8] 叶斌. 新家居装修与软装设计：欧式客厅 [M]. 福州：福建科学技术出版社，2017.

[9] 曹祥哲. 室内陈设设计 [M]. 北京：人民邮电出版社，2015.

[10] 文健，胡娉. 室内色彩、家具与陈设设计 [M]. 3版. 北京：清华大学出版社，2018.

[11] 李飒，戴菲，纪刚，等. 陈设设计 [M]. 北京：中国青年出版社，2011.

[12] 约翰·派尔. 世界室内设计史 [M]. 刘先觉，译. 北京：中国建筑工业出版社，2007.

[13] 霍维国，霍光. 中国室内设计史 [M]. 2版. 北京：中国建筑工业出版社，2010.

[14] 李建. 概念与空间现代室内设计范例解析 [M]. 北京：中国建筑工业出版社，2004.

[15] 帕特·格思里. 室内设计师便携手册 [M]. 蔡红，译. 北京：中国建筑工业出版社，2008.

[16] 潘吾华. 室内陈设艺术设计 [M]. 3版. 北京：中国建筑工业出版社，2013.

[17] 庄荣，吴叶红. 家具与陈设 [M]. 北京：中国建筑工业出版社，2004.